日本常備菜教主　拯救你的餐桌

「日日速配。快速上菜調理包」103道

若備有“日日速配。快速上菜調理包”
每天的餐食製作就能輕鬆完成！

1

購買食材後經加熱調理
完成“日日速配。
快速上菜調理包”的製作

2

以肉、海鮮、蔬菜類
製成的“日日速配。快速上菜調理包”
各色均衡地齊備保存

3

平日的晚餐
組合“日日速配。快速上菜調理包”和蔬菜等
就能迅速地完成烹調

4

使用“日日速配。快速上菜調理包”
色彩誘人營養均衡的菜色
20分鐘就能上桌！

Introduction

感謝讀者們閱讀購買本書。

這次要介紹給大家的是“日日速配。快速上菜調理包”。

什麼是“日日速配。快速上菜調理包”？或許有人會對這個名字感到疑惑吧。

一般所謂的「製作常備菜」，我在這個部分多下了一點工夫。真要說有什麼不同之處…，就是「日日速配。快速上菜調理包」本身就能直接食用，但同時又能搭配烹調。

「日日速配。快速上菜調理包」，只要與其他食材混拌就能完成！放在其他食材上就 OK ！與其他食材拌炒就可以變身另一道完全不同的菜色！一種「日日速配。快速上菜調理包」可以變化各種美味的佳餚。一向要花長時間、作法複雜的料理，居然可以這麼簡單就完成！？絕對會讓你大吃一驚。

其中利用燉煮製作的「日日速配。快速上菜調理包」，放置 1、2 天後會更入味，口感更柔軟。利用這樣的素材搭配調理，要製作出鬆軟入味的燉煮，幾乎瞬間就能辦到！製作後放置的時間是最好的助攻，更能加深美味度。

相信這本「日日速配。快速上菜調理包」必定能豐富並變化你的餐桌，幫助忙碌的大家。希望各位多多運用書中準備大量的調理包，增加大家餐桌上的菜色，就是我最大的榮幸。

料理研究工作者・松本有美（YU 媽媽）

只要確實製作，
就能輕鬆地完成。
家庭料理
非得如此不可。

快速上菜調理包的調理與保存

製作"日日速配。快速上菜調理包"並且進行保存的時候，請遵守以下四項重點，
就能安全美味地完成。

烹調

》》 POINT 01

方便搭配的調味

"日日速配。快速上菜調理包"的調味可以分成兩大類。在之後烹調時可以省去添加調味料的「紮實濃郁」款；另一種是為避免影響成品風味的「爽口清淡」款，無論哪一種用在搭配時都非常方便！

》》 POINT 02

請注意避免過度加熱

"日日速配。快速上菜調理包"最需要注意的就是口感。特別是蔬菜類，可以直接食用的柔軟度，之後加熱烹調時也不會導致口感軟爛，必須要精準地計算加熱時間。請嚴格遵守食譜中標示的加熱時間唷。

保存

››› POINT 03

放入清潔的容器內

保存容器，必須使用能確實密閉、清潔的附蓋容器。充分清洗並拭乾水份後，放入“日日速配。快速上菜調理包”。若能用食品專用酒精噴霧來消毒，會更安心。請務必在材料完全冷卻後再保存。

››› POINT 04

煮汁或湯汁要一起保存

製作“日日速配。快速上菜調理包”時釋出的煮汁或湯汁，請一起保存。因為保存時風味會滲入其中，所以之後烹調時可以不需再煮至入味，能縮短時間。而且浸泡在煮汁或湯汁中，也有能拉長保存天數的效果。

CONTENTS

本書的使用方法

關於食譜

- 計量單位 1 大匙為 15ml、1 小匙為 5ml。
- 微波爐加熱時間以功率 600W 為基準，功率為 500W 時約為 1.2 倍的時間，當機器功率為 700W 時，請酌量調整成 0.8 倍的時間。依照機種不同，時間上略有差異。
- 烤箱功率以 1000W 機種為基準。
- 使用微波爐與烤箱時，請依照說明書使用耐熱玻璃的缽盆或容器。
- 洋蔥、胡蘿蔔等基本上需要去皮再調理的蔬菜；青椒或南瓜等基本需要去蒂與籽；鴻禧菇或舞菇等需要切除底部的手續等，在本書中不再另做說明。
- “日日速配。快速上菜調理包”的完成份量，是以方便製作的份量為標記。但因考慮到後續的烹調，會以略多的份量製作。

關於圖示

- **冷藏保存天數**
  可以冷藏保存的時間參考。由製作日算起的天數，會因保存狀態及環境而不同。
- **冷凍保存天數**
  可以冷凍保存的時間參考。會因保存狀態及環境而不同，之後進行搭配烹調時，請先置於冷藏室解凍後再使用。
- **烹調時間**
  至料理完成為止所需的時間參考。不含烹調之後到冷卻保存之間的放涼時間。
- **直接享用**
  “日日速配。快速上菜調理包”可以不經微波烹調，直接美味地享用。請依個人喜好使用微波爐或平底鍋加熱。加熱時，請取出本次想食用的份量加熱。重新加溫過的“日日速配。快速上菜調理包”無法再放回保存容器內保存。

Chapter

1

肉的“日日速配。快速上菜調理包”

忙碌或疲倦時，只要一想到「今天的晚餐要煮什麼好？」就是壓力。這個時候若是有肉的“日日速配。快速上菜調理包”，就能立刻決定出主菜，讓心情瞬間放鬆。肉類，務必在超市特賣時大量購買，可以不花力氣又有效率地製作，請務必試試美味的“日日速配。快速上菜調理包”。

使用食材 》》 雞腿肉

保存期間 冷藏 7天 冷凍 3週

高湯雞腿

雞腿肉的鮮加上洋蔥的甜，是大家熟悉又容易接受的鹹甜高湯風味。煮到剛剛好的柔軟度，非常好入口！無論是直接吃或搭配烹調，都是可以廣泛應用的“日日速配。快速上菜調理包”。

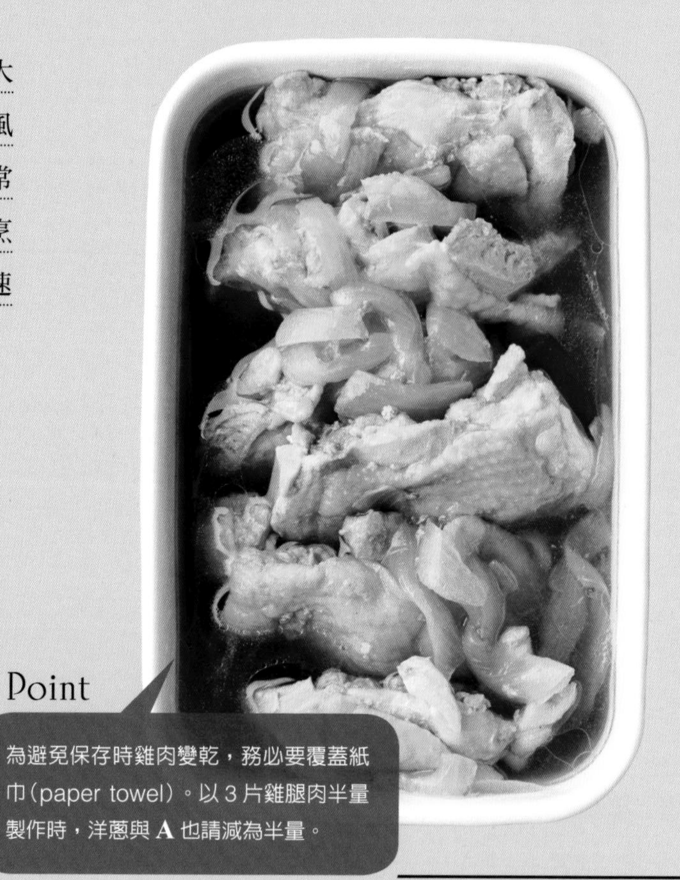

直接享用

- 切成喜好的厚度並溫熱，蘸取黃芥末醬
- 排放在烏龍麵上做成雞肉烏龍麵
- 放在白飯上做成便當

Point

為避免保存時雞肉變乾，務必要覆蓋紙巾(paper towel)。以 3 片雞腿肉半量製作時，洋蔥與 **A** 也請減為半量。

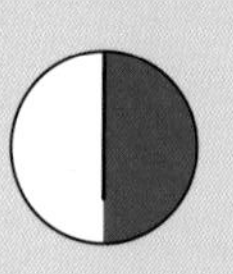

烹調時間
30分鐘

材料(方便製作的份量)

雞腿肉…6 片(1800g)
洋蔥…2 個(300g)
A 水…800ml
醬油…6 大匙
砂糖、味醂、酒…各 3 大匙
和風高湯粉…1 小匙

製作方法

1. 雞肉從長邊縱向對半切。洋蔥切成 8mm 寬的薄片。
2. 在鍋中放入 **1** 的雞肉和洋蔥，加入 **A** 以大火加熱，至沸騰後轉以小火，蓋上落蓋煮 20 ～ 25 分鐘。
3. 連同煮汁一起放進保存容器內，覆以紙巾後加蓋保存。

Arrange
アレンジ 01

香滑親子丼

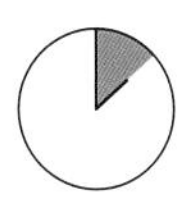

烹調時間
8分鐘

用微波快速攻略！
絕對不會失敗

因為雞肉已經煮熟並且調味過了，只要再加入雞蛋就是親子丼了。採用微波加熱，也不用擔心火力大小，真的輕鬆愉快！也能香滑美味地完成。

材料（2人份）

高湯雞腿…1/6份量（約300g）

A 高湯雞腿的煮汁（高湯凍）…130g
水…50ml

雞蛋（M尺寸、攪散）…3個
溫熱白飯…2碗
鴨兒芹…（依照喜好）適量

製作方法

1 〈高湯雞腿〉切成一口大小。
2 在耐熱容器放入1的〈雞腿肉〉和**A**的一半份量，圈狀澆淋上半量的蛋液。
3 鬆鬆地覆蓋保鮮膜，以微波爐（600W）加熱約2分鐘後，取出略加混拌。再次鬆鬆地覆蓋保鮮膜，以微波加熱1分鐘左右，同樣略微混拌。其餘的材料以同樣方式製作。
4 在容器內盛放白飯，將3各別倒入碗中。依照喜好添加鴨兒芹。

Arrange アレンジ 02 紙包舞菇雞肉

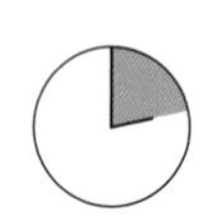

烹調時間
13分鐘

包起來蒸烤。簡單而且豐盛又美觀

在烘焙紙上放好材料包起來蒸烤就完成，簡單卻能讓人感覺豐盛的饗宴。雞肉1人份使用的是1片，所以是份量十足的主菜。若是給小朋友的，不放薑也OK。

材料(2人份)

高湯雞腿…1/3份量(約600g)
高湯雞腿的煮汁(高湯凍)…260g
舞菇…1盒(150g)
薑泥(市售軟管狀)…2cm
蘿蔔嬰(依照喜好)…1/2盒
酸柑(對半切開)…(依照喜好)1個

製作方法

1 剝開舞菇。
2 攤開2片烘焙紙(30×35cm)，將〈高湯雞腿〉、〈煮汁〉、1的舞菇、薑泥依序各以半量疊放。
3 將長邊二端的烘焙紙提起，向內彎折捲起，扭緊兩端做成像糖果狀使開口閉合。
4 在平底鍋中放入2大匙的水份(份量外)，排入3並蓋上鍋蓋，以中火蒸烤7～8分鐘。盛盤，依照喜好放入蘿蔔嬰和酸柑。

Arrange アレンジ 03

高麗菜燉雞

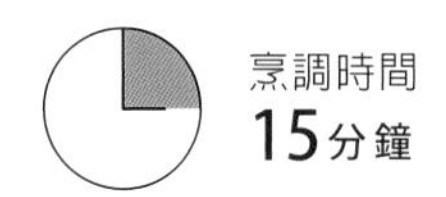
烹調時間
15分鐘

只需快速的煮熱，就完成了！

一想到所需的燉煮時間，就感覺艱難的燉煮料理，若主要食材已經完全煮熟時，接著只要再略煮一下就能完成。高麗菜撕成較大的塊狀，不但能嚐出清甜也能增加口感。

材料（2人份）

高湯雞腿 … 1/3 份量（約 600g）
高麗菜 … 1/8 個（125g）

A
高湯雞腿的煮汁（高湯凍）… 260g
水 … 100ml

B
太白粉 … 1/2 大匙
水 … 2 大匙

製作方法

1. 〈高湯雞腿〉切成一口大小。高麗菜用手撕成 5cm 大小。
2. 在鍋中放入 1 的雞肉和高麗菜，放入 **A** 用大火加熱，沸騰後轉為小火約煮 3 ～ 4 分鐘。
3. 熄火，加入已完成混拌的 **B**，再次用中火加熱，邊混拌邊加熱煮至濃稠。

使用食材 》》 雞腿肉

保存期間 冷藏 7天 冷凍 3週

韓式燉雞腿

只要在鍋中放入材料熬煮就能完成，辛辣風味韓式的“日日速配。快速上菜調理包”。為了能增長保存時間，使用了略多份量的韓式辣醬。

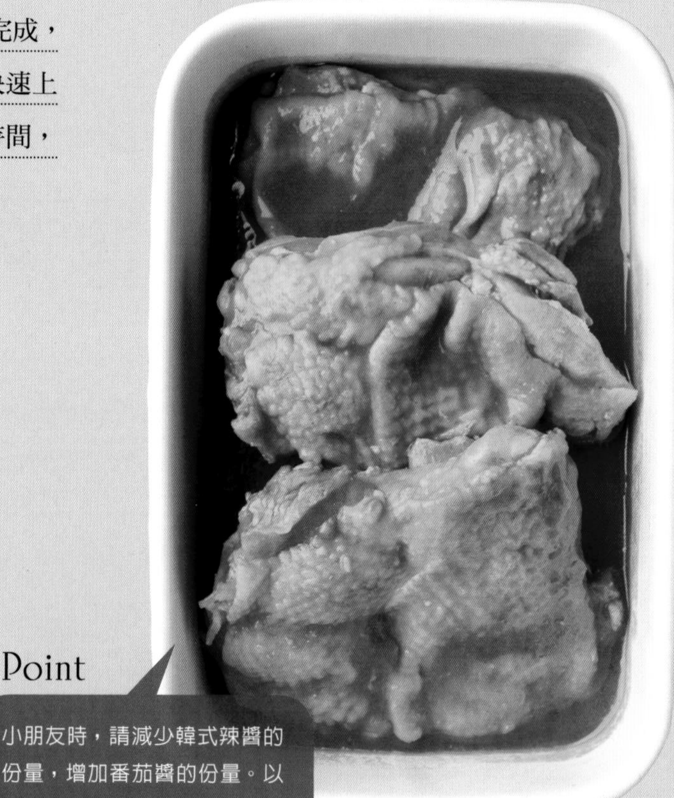

直接享用

- 切成喜好的厚度並溫熱
- 用生菜葉包捲
- 作成拉麵的配料

Point

小朋友時，請減少韓式辣醬的份量，增加番茄醬的份量。以半量的3片雞腿肉製作時，**A**也請減為半量。

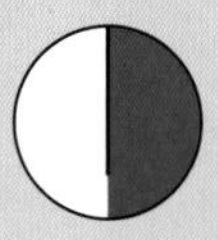

烹調時間 **30分鐘**

材料（方便製作的份量）

雞腿肉…6片（1800g）

A
- 水…400ml
- 番茄醬…6大匙
- 韓式辣醬…3大匙
- 蜂蜜、酒…各2大匙
- 蒜泥（市售軟管狀）…4cm

製作方法

1. 在鍋中放入雞肉、**A**以大火加熱，至沸騰後轉小火，蓋上落蓋煮約15分鐘。
2. 連同煮汁一起放進保存容器內，覆以紙巾後加蓋保存。

Arrange アレンジ 01 韓式馬鈴薯燉雞

烹調時間 13分鐘

因為以微波爐製作，馬鈴薯不會煮到崩解！

若有已煮入味的雞腿，只要加上馬鈴薯一起微波加熱，輕而易舉就能完成馬鈴薯燉肉。使用微波也不會煮得太過軟爛，能漂亮地保持馬鈴薯的形狀。辣度可以用煮汁的份量來調整。

材料（2人份）

韓式燉雞腿…1/3份量（雞肉2片，約600g）
馬鈴薯…4個（400g）
A 韓式燉雞腿的煮汁…100ml
水…100ml

製作方法

1 〈韓式燉雞腿〉和馬鈴薯切成一口大小。
2 在耐熱容器內放入1的雞肉和馬鈴薯，倒入A，鬆鬆地覆蓋保鮮膜，用微波爐（600W）加熱4～5分鐘。取出混拌，再次鬆鬆地覆蓋保鮮膜，用微波爐加熱4～5分鐘。

Arrange 02
アレンジ

熱烤起司雞肉

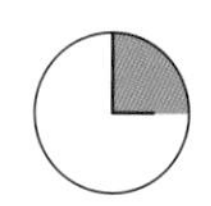

烹調時間
15分鐘

表面放上起司
用小烤箱烘烤就能完成！

將材料放上烤盤，以小烤箱烘烤就能完成豐盛又漂亮的菜色。也不需花工夫分切腿肉，綠花椰菜也直接新鮮放入。幾乎不用花時間預備處理，能夠輕鬆製作就是最大的魅力所在。

材料（2人份）

韓式燉雞腿 … 1/3 份量（雞肉 2 片，約 600g）
綠花椰菜 … 1 個（200g）
沙拉油 … 適量
綜合起司 … 80g

製作方法

1. 綠花椰菜分成小朵。
2. 在小烤箱的烤盤上舖墊鋁箔紙，薄薄地刷塗沙拉油。
3. 排放〈韓式燉雞腿〉和 1 的綠花椰菜，撒上綜合起司，用小烤箱（1000W）烘烤 8 ～ 10 分鐘至表面呈現烘烤色澤為止。如果加熱過程中，表面快要燒焦的話，請蓋上鋁箔紙。

Arrange
アレンジ
03

甜辣雞與
香脆餛飩皮沙拉

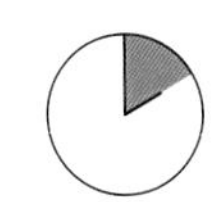
烹調時間
10分鐘

口感份量都足以令人欣喜的沙拉

乍看之下好像是很費工的菜，但因為已經做好入味的“日日速配。快速上菜調理包”，所以轉瞬間就能完成這款份量十足的沙拉主菜。炸得酥酥脆脆的餛飩皮就是重點。

材料（2人份）

韓式燉雞腿 … 1/3 份量
（雞肉 2 片，約 600g）
餛飩皮 … 4 片
萵苣 … 1/2 個（200g）
沙拉油、美乃滋 …各適量

製作方法

1 〈韓式燉雞腿〉切成一口大小。萵苣用手撕成 5cm 的大小。
2 在平底鍋中放入 1cm 深的沙拉油，以中火加熱，放入餛飩皮煎炸至呈現金黃色澤，取出後剝碎成適當的大小。
3 除去 2 平底鍋中多餘的油脂，放入 1 的雞肉以小火拌炒 5 分鐘左右。
4 在容器上擺放 1 的萵苣、3 的雞肉、2 的餛飩皮。表面淋上美乃滋。

使用食材 》》 雞胸肉

保存期間 冷藏 7天 冷凍 3週

中式檸檬蒸雞胸

方便搭配運用的雞胸肉“日日速配。快速上菜調理包”，是清新爽口的檸檬風味。利用沙拉油的保濕效果，消除了雞胸肉料理後容易產生乾硬的失敗狀態，完成柔軟潤澤的口感。

直接享用

- 切成喜好的厚度，蘸醬油等
- 夾在麵包中做成三明治
- 撕成細絲作為中式涼麵的配菜

Point

為使肉質能保持濕潤，必須覆蓋紙巾後再微波加熱，保存時也請覆蓋紙巾。製作雙倍份量時，請重覆相同的步驟。

烹調時間 15分鐘

材料（方便製作的份量）

雞胸肉…3片（900g）

A
- 水…300ml
- 粒狀雞高湯粉、檸檬汁、酒…各1又1/2大匙
- 沙拉油…1大匙
- 醬油（依照喜好）…適量
- 生薑（薄片）…1片（5g）

製作方法

1. 在較大的耐熱容器內（或耐熱缽盆）中放入3片雞胸肉和**A**，覆蓋紙巾。
2. 鬆鬆地覆蓋保鮮膜，用微波爐（600W）加熱6分鐘左右。取出，將雞肉翻面，再次覆蓋紙巾後，鬆鬆地覆蓋保鮮膜，再次微波加熱6分鐘左右，直接放涼。
3. 連同煮汁一起放進保存容器內，覆蓋加熱時使用的紙巾後加蓋保存。

Arrange アレンジ 01

蒸雞胸與榨菜的中式辣味涼拌

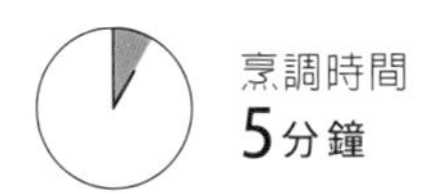

烹調時間
5分鐘

不用火也不用調味料，只需混拌即可！

不必開火，只需混拌就能完成的熟食沙拉。因為榨菜已經有鹹味了，也不需再調味。使用不容易出水的豆苗，即使放置後也能保持爽脆的美妙口感。

材料（2人份）

中式檸檬蒸雞胸 … 1/3 份量（雞肉 1 片，約 300g）
榨菜 … 50g
豆苗 … 1/2 袋（200g）
A 中式檸檬蒸雞胸的煮汁 … 50ml
辣油 … 1/2 小匙

製作方法

1. 〈中式檸檬蒸雞胸〉用手撕成方便食用的大小。榨菜切成粗絲。豆苗切成 4cm 長。
2. 在缽盆中放入 1 的所有材料，加入 A 混拌。

Arrange
アレンジ 02

南海雞肉茶泡飯

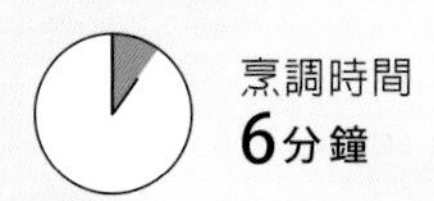

即使沒有時間也想好好飽餐一頓

想要迅速吃飽飯時最推薦的一道。只要將蒸過的雞肉搭配喜好的蔬菜，就能兼顧營養均衡、美味無比。配菜除了水菜之外，建議也能使用大蔥、蘿蔔嬰、香菜。

材料（2人份）

中式檸檬蒸雞胸 … 1/3 份量
（雞肉 1 片，約 300g）
中式檸檬蒸雞胸的煮汁
… 100ml ～ 150ml（可視喜好增減）
紫洋蔥 … 1/2 個（75g）
白飯 … 2 碗
熱開水 … 400ml
水菜、紅辣椒絲 …（皆依照喜好）各適量

製作方法

1 〈中式檸檬蒸雞胸〉用手撕成方便食用的大小。紫洋蔥切成薄片，用流水略微沖過後擰乾水份。

2 在碗中各別盛入白飯，將半量 1 的雞肉和紫洋蔥、〈煮汁〉各別放入碗中，注入熱開水。依照喜好擺放切成方便食用長度的水菜及紅辣椒絲。

Arrange アレンジ 03 口水雞

烹調時間
5分鐘

只要分切排放，就是盛宴般的風味！

很有宴客外觀的口水雞，若是做好"日日速配。快速上菜調理包"僅需盛盤就能立刻完成。因為已經有檸檬風味，所以搭配的調味料也要少一點！依照喜好撒上花生和花椒。

材料（2人份）

中式檸檬蒸雞胸 … 1/3 份量（雞肉 1 片，約 300g）
小黃瓜 … 1 根（75g）
水菜 … 1/4 把（40g）

A
- 中式檸檬蒸雞胸的煮汁 … 2 大匙
- 白芝麻醬 … 2 大匙
- 砂糖、醬油、熟白芝麻 … 各 1 大匙
- 辣油 … 1/2 小匙

製作方法

1. 〈中式檸檬蒸雞胸〉斜向片切成 1cm 厚。小黃瓜切成 5cm 長的細絲。水菜切成 5cm 長。**A** 混合備用。
2. 在容器內鋪放 1 的小黃瓜和水菜、排放雞肉片，澆淋上調好的 **A**。

使用食材 ››› 豬五花肉塊

保存期間 冷藏 7天 冷凍 3週

薑汁醬油燉豬五花

確實燉煮入味的豬五花肉，連同帶有甜味的微辣煮汁一起保存，在搭配烹調時也能利用煮汁，所以不需把時間花在調味上。為了使調味料容易滲入，確實進行 2 次預備燙煮就是製作的秘訣。

直接享用

- 切成喜好的厚度，以微波加熱
- 佐上黃芥末醬就能成為下酒小菜
- 切成骰子大小，可以當作大阪燒的食材

Point

為了能除去豬肉多餘的油脂，務必要燙煮並倒掉 2 次煮汁。步驟 2 當中若燉煮 30 分鐘以上，在之後的搭配烹調時可能會導致肉塊崩散，請多加注意。保存時，要在肉塊上覆蓋紙巾，避免乾燥。

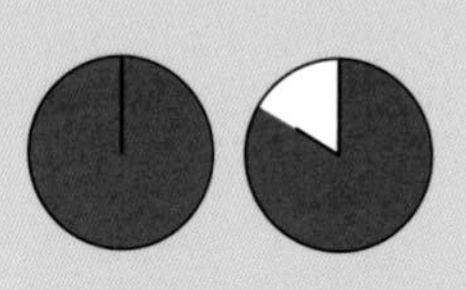

烹調時間
110分鐘

材料（方便製作的份量）

豬五花肉塊…2 條（1kg）

A
- 水…600ml
- 醬油、酒…各 8 大匙
- 蜂蜜…6 大匙
- 生薑（薄片）…2 片

製作方法

1. 將長條狀的豬肉對半切，在鍋中放入大量水份（份量外）煮沸，放入豬肉以中火燙煮約 30 分鐘，倒掉燙煮湯汁。再重覆進行 1 次，共計倒掉 2 次燙煮湯汁。
2. 在鍋中放入 **1** 的豬肉和 **A** 以大火加熱，沸騰後轉以小火，蓋上落蓋，煮至湯汁收乾成 2/3 的量，約燉煮 20～30 分鐘。
3. 連同煮汁一起放進保存容器內，覆蓋廚房紙巾後加蓋保存。

Arrange アレンジ 01

拌炒豬肉豆芽菜

烹調時間
7分鐘

僅需拌炒而已
卻有十足的豐盛感

只需拌炒並利用煮汁調味而已，就能變成豪華的主菜料理。豆芽菜簡單的滋味更能烘托出肉類的美味。因為想呈現豆芽菜爽脆的口感，所以請注意不要過度拌炒。

材料(2人份)

薑汁醬油燉豬五花 … 1/4 份量(約 250g)
薑汁醬油燉豬五花的煮汁 … 4 大匙
豆芽菜 … 1 袋(200g)
胡麻油 … 1 匙

製作方法

1. 〈薑汁醬油燉豬五花〉切成 2cm 厚片。
2. 在平底鍋中放入胡麻油，以中火加熱，加入 **1** 的豬肉拌炒約 2 分鐘。
3. 放進豆芽菜、〈煮汁〉用大火拌炒約 3 分鐘。

Arrange 02
アレンジ

蔥花滿滿的滷肉丼

烹調時間
5分鐘

在熱熱的白飯上擺放豬肉就是這麼簡單

溫熱"日日速配。快速上菜調理包"放在白飯上，就能完成丼飯了。因為已經先烹調入味，所以連同煮汁一起澆淋，連調味的動作都省下。最適合家人的宵夜或假日時一個人的午餐。

材料（2人份）

薑汁醬油燉豬五花…1/4份量（約250g）
薑汁醬油燉豬五花的煮汁…100ml
大蔥…1/2根（50g）
熱白飯…2碗
七味粉…（依照喜好）適量

製作方法

1 〈薑汁醬油燉豬五花〉切成2cm厚片。大蔥切成5cm長的細絲，過水沖洗後瀝乾水份。
2 將1的豬肉和〈煮汁〉放入耐熱容器，鬆鬆地覆蓋保鮮膜，以微波爐（600W）加熱約3分鐘。
3 將白飯各別盛入碗中，各別放上半量的2連同煮汁。放上大蔥，依照喜好撒七味粉。

Arrange
アレンジ 03

豬肉燒油豆腐

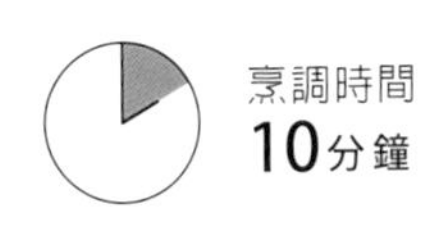

雖然清爽
卻口感十足

豬五花肉燒油豆腐，並試著調味成日式風味。可以開心地品嚐完全不同於原本調味的另一種美妙風味，用大盤盛裝就是一道豪華大菜！也可以蘸黃芥末醬享用。

材料（2人份）

薑汁醬油燉豬五花…1/4份量（約250g）
油豆腐…1片（200g）
鴻喜菇…1盒（150g）
A
薑汁醬油燉豬五花的煮汁…150ml
水…200ml
和風高湯粉…1/3小匙
青蔥（切末）…適量
黃芥末醬…（依照喜好）適量

製作方法

1 〈薑汁醬油燉豬五花〉切成一口大小。油豆腐縱向、橫向切成1/4三角形。鴻喜菇分成小朵。
2 在鍋中放入1的全部材料，加入A，以大火加熱，煮至沸騰後轉為中火再煮約3分鐘。
3 盛盤，撒上青蔥，依照喜好佐以黃芥末醬。

使用食材 》》 豬腿肉塊

保存期間 冷藏 10天 冷凍 3週

鹽漬豬腿肉（家庭自製豬肉火腿）

豬腿肉撒上鹽使其熟成，再加熱製作，美味滿點的家庭自製豬肉火腿。因為加了橄欖油靜置，所以能呈現潤澤的口感。使用餘溫緩慢確實加熱的烹調方法，重點就在於確實遵守保溫時間。

直接享用

- 切成喜好的厚度作成三明治配料
- 切成小塊作為湯品食材
- 切成薄片搭配沙拉

Point

步驟3不切開直接以塊狀保存，就能確保風味。分切成所需的份量，雖然會略損風味，但以保鮮膜包好非常方便使用。

DAY 3 ＋

烹調時間 3天又60分鐘

材料（方便製作的份量）

豬腿肉塊…2條（1kg）

A
- 橄欖油…2大匙
- 鹽…2小匙
- 粗粒黑胡椒…1小匙

水…2ℓ

製作方法

1. 用叉子在豬肉全體表面刺出孔洞。放入耐熱的夾鍊袋內，放入**A**充分混拌揉搓。確實排出空氣後密封袋口，放入冷藏室靜置3天。加熱前才從冷藏室取出，連同保存袋一起放置回復室溫。
2. 在鍋中放入2公升的水份加熱，沸騰後離火。將**1**連同耐熱夾鍊袋一起放入熱水內至熱水完全冷卻為止。若保存袋會浮起，可以放入容器壓著使其沈入水中。（※室溫較低時，可用大浴巾等將鍋子完全包起保溫）
3. 從耐熱夾鍊袋中取出冷卻的**2**，用保鮮膜包覆後放入保存容器內。

Arrange 01
アレンジ

香煎厚切火腿肉

烹調時間
5分鐘

簡單的烹調
就能享用的美味

豬肉火腿只要煎烤至出現焦色，就是很棒的美味盛宴。增添香氣，又能品嚐到不同的風味。像牛排般厚切，立即就能豐盛享用。

材料(2人份)

鹽漬豬腿肉…1/4份量(約250g，2cm厚度2片)
蒜泥(市售軟管狀)…2cm
橄欖油…2大匙
芥末籽醬、嫩葉生菜…(皆依照喜好)各適量

製作方法

1 〈鹽漬豬腿肉〉切成像牛排形狀的2cm厚片，兩面都以蒜泥揉搓。
2 在平底鍋中放入橄欖油，以中火加熱，並排放入1的豬肉片香煎至表面呈色約2分鐘。
3 盛盤，依照喜好佐以芥末籽醬和嫩葉生菜享用。

Arrange 02
アレンジ

自製豬肉火腿的越南春卷佐花生味噌醬

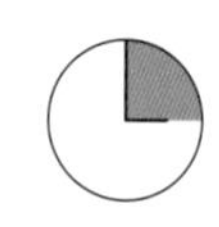

烹調時間 15分鐘

使用大量蔬菜
也能當作沙拉般享用

份量充足、具口感，顏色漂亮的蔬菜越南春卷。味噌的酸甜醬汁，添加了花生更促進食慾。請兼顧美感地用越南春卷皮包起來。

材料（8人份）

鹽漬豬腿肉…1/4份量（約250g）
越南春卷皮…8片
萵苣…1/4個（100g）
胡蘿蔔…1/2根（75g）
小黃瓜…2根（150g）

A
花生（切碎）、砂糖…各2大匙
味噌、醬油、醋…各1大匙
豆瓣醬…（依照喜好）少許

製作方法

1. 〈鹽漬豬腿肉〉切成3cm寬的薄片再切半，萵苣切成1cm的細絲。胡蘿蔔切成細絲。小黃瓜長度對切後再切成細絲。
2. 越南春卷皮每片過水後放在砧板上，在中央略靠近自己的位置，各別擺放1/8份量 1 的豬肉和蔬菜，從靠近身體的這一端、左右兩側，依序的將春卷皮向中央折疊，再朝外捲起。以同樣方式製作8卷。
3. 依照喜好分切盛盤，蘸混拌好的 **A** 享用。

Arrange アレンジ 03

自製火腿起司義大利麵

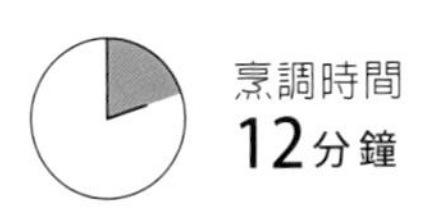

可以充分品嚐出火腿風味的樸質義大利麵

利用火腿和起司粉的鹹味所完成爽口的義大利麵，主要食材的火腿有著紮實的風味，所以切細加入就是要領。

Point

起司粉有各式種類，但請使用材料中標示的「帕瑪森起司 Parmigiano」，風味足又帶鹹味非常好吃。

材料（2人份）

- 鹽漬豬腿肉…1/4 份量（約 250g）
- 義大利麵（1.6mm）…300g
- **A**
  - 橄欖油…4 大匙
  - 粗粒黑胡椒…1 小匙
  - 鹽…1/3 小匙
  - 蒜泥（市售軟管狀）…3cm
- 起司粉（帕瑪森起司）…3 大匙

製作方法

1. 〈鹽漬豬腿肉〉切成 1cm 寬的細條狀。在缽盆中混合 **A**。
2. 義大利麵依照包裝上的說明燙煮後，放在 1 的缽盆中，與步驟 1 的豬肉混拌。盛盤，撒上起司粉。

使用食材 ››› 豬肩里脊薄片

保存期間 冷藏 5天

豬肩里脊拌鹽昆布

只是將燙煮的豬肩里脊肉和鹽昆布混拌，但兩種食材美味絕妙的組合，無論是直接吃或隨意搭配都能嚐出好滋味。添加了鹽昆布，所以不用再調味就能呈現風味。

直接享用

- 用微波爐加熱就是一道家常菜
- 可以當作飯糰的食材
- 可以與起司一起，擺放在吐司上烘烤

Point

或許會覺得鹽昆布的添加量很多也說不定，但多放一點除了可以保存較長時間之外，搭配烹調上也會更方便，請依照份量來製作喔。

烹調時間
15分鐘

材料（方便製作的份量）

豬肩里脊薄片…600g

A
- 鹽昆布…30g
- 胡麻油…3大匙
- 熟白芝麻…2大匙

製作方法

1. 豬肉切成4cm寬。在鍋中煮沸大量的熱水，放入豬肉燙煮至顏色改變，以網篩撈出冷卻。
2. 在缽盆中放入**A**和**1**的豬肉混拌均勻。

Arrange アレンジ 01

豬肉鹽味湯豆腐

毋需調味！放入食材烹煮就可以完成的鍋物

只要備有“日日速配。快速上菜調理包”，連難煮的鍋物都能輕鬆搞定。這一種“日日速配。快速上菜調理包”，兼具主要食材、調味料、高湯的作用，所以能輕易地完成一道佳餚。

材料（2人份）

豬肩里脊拌鹽昆布…1/3份量（約200g）
豆腐（嫩豆腐）…1塊（400g）
水菜…1/2把（100g）
A 蒜泥（市售軟管狀）…3cm
水…600ml

製作方法

1. 豆腐切成8等份。水菜切成5cm長。
2. 在鍋中放入豆腐、〈豬肩里脊拌鹽昆布〉、**A**，用大火加熱，沸騰後轉為小火約煮2分鐘，熄火，加入水菜。
3. 連同湯汁一起盛盤享用。

Arrange
アレンジ 02

山葵涼拌涮豬肉小黃瓜

能攝取大量蔬菜的清爽菜餚

風味紮實的〈豬肩里脊拌鹽昆布〉與小黃瓜混拌，再添加山葵給味蕾來點刺激，是道清爽的菜餚。若不太能接受酸味的人，可以用日式柴魚風味醬油（適量）取代柑橘醋醬油。

材料（2人份）

豬肩里脊拌鹽昆布…1/3份量（約200g）
小黃瓜…2條（150g）
A 柑橘醋醬油…2大匙
山葵（市售軟管狀）…2cm

製作方法

1 小黃瓜縱向對切，再斜向片切成7mm厚的片狀。
2 在缽盆混合A、〈豬肩里脊拌鹽昆布〉、1的小黃瓜，混合拌勻。

Arrange アレンジ 03

美乃滋涼拌炒蛋與鹽昆布豬肉片

利用在微波加熱時炒香雞蛋混拌就 OK！

已經確實調味過的豬肉鹹味，加上炒香的雞蛋，就是風味柔和的拌菜。在微波豆芽菜時炒蛋，效率十足呢。

材料（2人份）

豬肩里脊拌鹽昆布…1/3 份量（約 200g）
雞蛋…3 個
豆芽菜…1 袋（200g）
沙拉油…1 大匙
美乃滋…3 大匙

製作方法

1 豆芽菜放入耐熱缽盆中，鬆鬆地覆蓋保鮮膜，用微波爐（600W）加熱約 3 分鐘後放涼，擰乾水份後再放回缽盆中。
2 在另外的缽盆中打散雞蛋。平底鍋中倒入沙拉油以中火加熱，放進雞蛋拌炒出較大塊的炒蛋，取出。
3 在 2 的平底鍋中放入〈豬肩里脊拌鹽昆布〉，拌炒至溫熱。
4 在 1 的缽盆中放入 2 的炒蛋、3 的豬肉，加入美乃滋混拌。

使用食材 ››› 豬五花薄片

保存期間 冷藏 5天 冷凍 3週

蒜炒豬五花與洋蔥

大蒜香氣與洋蔥的甜味引出豬五花肉的鮮，是方便搭配烹調的“日日速配。快速上菜調理包”。相較於塊狀豬肉等，更能短時間迅速製作，所以不只是有空的週末，就算是平日週間有點時間，都能迅速預備的珍貴常備菜，當然直接吃也很美味！

直接享用

- 用微波爐溫熱後就是一道菜餚了
- 放在白飯上就是簡單的丼飯
- 放在烏龍麵上就成了豬肉烏龍麵

Point

拌炒前先將材料放入塑膠袋內揉搓，洋蔥釋出的水份能軟化豬肉，為了增加保存天數多下的一道工夫。

烹調時間 18分鐘

材料(方便製作的份量)

豬五花薄片…600g
洋蔥…1 個(150g)
大蒜…2 瓣
A 沙拉油…1 大匙
 鹽…2/3 小匙

製作方法

1 豬肉切成 4cm 寬。洋蔥對半分切後再切成 8mm 的細絲，大蒜切成 3mm 的薄片。
2 將 **1** 放入塑膠袋內，加進 **A** 充分揉搓後靜置 5 分鐘。
3 平底鍋以中火加熱，由袋中取出 **2** 放入鍋中，拌炒 5～6 分鐘，除去多餘的油脂後放入保存容器內。

Arrange
アレンジ 01

10 分鐘的
茄子豬肉咖哩

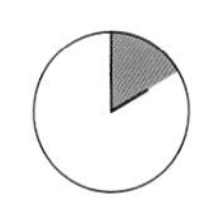

烹調時間
10分鐘

大量的肉和茄子！
風味柔和又易於入口

豬肉部分若是使用已經確實入味的"日日速配。快速上菜調理包"，則咖哩也能火速地上桌。添加了牛奶，呈現柔和的風味與口感。除了牛奶，依照喜好若以熱水替代，則可完成香料風味咖哩。

材料（2～3人分）

蒜炒豬五花與洋蔥 …1/3 份量（約 200g）
茄子 …2 條（100g）
橄欖油 …2 大匙
A
- 熱水 …400ml
- 牛奶 …100ml
- 咖哩塊 …3 塊

溫熱白飯 …2 碗

製作方法

1. 茄子切成 1 口大小。
2. 在略深的平底鍋中放入橄欖油、**1** 的茄子，以中火加熱，拌炒約 3 分鐘。放進〈蒜炒豬五花與洋蔥〉、**A**，拌炒約 3 分鐘邊混拌邊燉煮。
3. 在容器內盛入米飯，澆淋上 **2**。

Arrange
アレンジ 02

蒜香奶油 豬肉小番茄

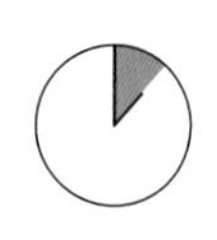

烹調時間
7分鐘

若使用小番茄，就可以不用動刀也不需砧板了

肉類的鹹味、番茄的酸味、濃郁的奶油搭配蒜香，是簡單又深層的風味。使用小番茄可以省下分切步驟，又能提升營養價值，是一道聰明料理。

材料（2人份）

蒜炒豬五花與洋蔥…1/3 份量（約 200g）
小番茄（去除蒂頭）…12 個
奶油…10g

製作方法

1 在平底鍋中放入奶油加熱，放進〈蒜炒豬五花與洋蔥〉和小番茄，拌炒約 5 分鐘左右。

Arrange アレンジ 03

起司粉香拌 烤馬鈴薯與豬肉

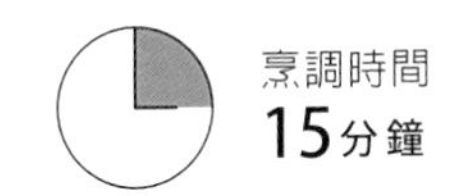

烹調時間 15分鐘

馬鈴薯和豬肉 是具飽足感的紮實菜餚

德式香煎培根馬鈴薯風味的菜餚。馬鈴薯帶皮切成大塊，能嚐到馬鈴薯鬆軟口感。豬五花肉的調味，只要撒上起司粉就能轉化成完全不同的滋味。

Point

起司粉有各式種類，請使用「帕瑪森起司 Parmigiano」，風味足又帶鹹味非常好吃。

材料（2人份）

蒜炒豬五花與洋蔥…1/3 份量（約 200g）
馬鈴薯…2 個（200g）
沙拉油…1 大匙
起司粉（帕瑪森起司）…1 大匙
巴西利（切碎）…（依照喜好）適量

製作方法

1. 馬鈴薯帶皮切成 6 等份的月牙狀。
2. 步驟 1 的馬鈴薯沾裹上沙拉油，鋪放在鋪有鋁箔紙的小烤箱烤盤上。以小烤箱（1000W）烘烤約 10 分鐘。
3. 在耐熱缽盆中放入〈蒜炒豬五花與洋蔥〉，鬆鬆地覆蓋保鮮膜，以微波爐（600W）加熱 3 分鐘左右。
4. 將 2 的馬鈴薯、起司粉加入 3 中混拌。盛盤，依照喜好撒上巴西利。

使用食材 ››› 混合絞肉

保存期間 冷藏 7天 冷凍 3週

咖哩香炒混合絞肉

混合絞肉的"日日速配。快速上菜調理包",可以冷藏或冷凍保存,烹調範疇廣泛是短時間料理的最佳盟友。利用咖哩粉,也有拉長保存天數的效果。加入大量中濃豬排醬,因此會產生濃稠又保有濕潤的口感。

直接享用

- 放在米飯上再打入生雞蛋,就成了大阪名菜的乾咖哩
- 與白飯混拌後,就變身成咖哩炒飯風格
- 在圓麵包上劃出開口,夾入常備菜就是簡易版咖哩麵包

Point

冷凍保存時,裝入夾鏈袋中,薄薄地攤平後冷凍備用,每次只要折開就能方便地取出所需份量。

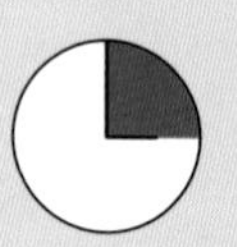

烹調時間 10分鐘

材料(方便製作的份量)

混合絞肉…600g

A
- 中濃豬排醬…4大匙
- 番茄醬、咖哩粉…各2大匙
- 沙拉油…1/2大匙
- 蒜泥(市售軟管狀)…3cm

製作方法

1 將混合絞肉、A放入平底鍋中,粗略混拌。以中火加熱,邊混拌邊拌炒至豬肉顏色改變,約5分鐘。

Arrange アレンジ 01 起司咖哩烤盅可樂餅

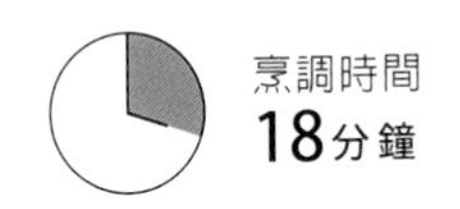

不需沾裹麵衣！不需油炸即可完成！

製作上非常麻煩的可樂餅，只要有"日日速配。快速上菜調理包"就可以輕輕鬆鬆地完成。不需油炸地放入小烤盅內烘烤，即可簡單完成。以湯匙舀起享用，融化的濃稠起司無比美味。

材料（直徑約8cm×深約5cm的小燉盅2個）

咖哩香炒混合絞肉…1/3份量（約200g）
馬鈴薯…2個（200g）
加工起司…2個（60g）
麵包粉…3大匙
沙拉油…1大匙

製作方法

1. 馬鈴薯切成一口大小，放入耐熱缽盆中，鬆鬆地覆蓋保鮮膜，以微波爐（600W）加熱8分鐘左右。
2. 在1中加入〈咖哩香炒混合絞肉〉混拌。
3. 將2的1/2量裝入小燉盅內，各別在中央處埋入起司，撒上麵包粉，淋上沙拉油。排放在小烤箱（1000W）中，烘烤至呈現金黃色澤約7分鐘。

Arrange 02
アレンジ

生菜捲印度 Sabji 豆香絞肉

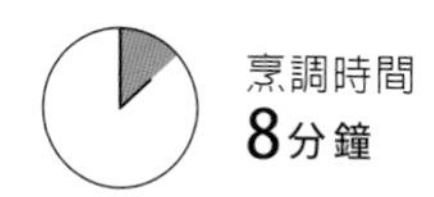

辛香料風味令人食慾全開！

所謂的 Sabji，指的是印度料理中搭配咖哩的蔬菜。在此為了能一次同時品嚐到咖哩和蔬菜，試著製作出添加肉類的「Sabji」菜餚。

材料（2人份）

咖哩香炒混合絞肉…1/3 份量（約 200g）
大豆（水煮）…100g
萵苣葉…1/2 個
橄欖油…1 大匙
辣椒（或辣椒粉）…（依照喜好）少許

製作方法

1. 大豆瀝乾水份。分開每片萵苣葉。
2. 在平底鍋中放入橄欖油，以中火加熱，加入 1 的大豆拌炒約 2 分鐘，加進〈咖哩香炒混合絞肉〉，再拌炒 2 分鐘左右。依照喜好加入辣椒混拌。
3. 盛盤，用萵苣葉包捲享用。

Point

辣椒替換成辣椒粉，可以更增添道地的異國風味，若是做給小朋友吃也可以不放。

Arrange アレンジ 03

絞肉歐姆蛋

製作成大型的蛋卷一起分食享用

已經是煮熟的食材，因此只要用雞蛋包起來就 OK 了。略帶辣度的咖哩風味，是很下飯的菜餚。雞蛋半熟時，立刻放入食材包捲，就能鬆軟滑口地完成。

材料（2人份）

咖哩香炒混合絞肉…1/4 份量（約 150g）
雞蛋（L 尺寸）…4 個
沙拉油…2 大匙
番茄醬、萵苣葉…各適量

製作方法

1 〈咖哩香炒混合絞肉〉放入耐熱容器內，鬆鬆地覆蓋保鮮膜，以微波爐（600W）加熱約 2 分鐘左右。
2 在缽盆中打散雞蛋。將沙拉油倒入平底鍋，以中火加熱，倒入蛋液，以長筷繞著鍋邊劃大大的圓約 5 次，整形成直徑約 18cm 的圓形。趁雞蛋半熟時倒入 1 的絞肉包捲起來。
3 盛盤，澆淋番茄醬，佐以萵苣葉。

使用食材 ››› 雞絞肉

保存期間 冷藏 7天 冷凍 3週

炸雞肉丸

是口感鬆軟的“日日速配。快速上菜調理包”。可煎煮、烤、炸或放入湯品，無論是日式、西式或中式料理都能輕鬆駕馭搭配。味道紮實，所以也可作為便當菜等，當然直接享用也很棒。

直接享用

☞ 微波加熱就能作為晚餐菜餚
☞ 可作為關東煮的食材
☞ 作為便當菜填滿空隙

Point

若沒有此食譜建議的「雞腿絞肉」時，使用各部位混合的「雞絞肉」也 OK，只是口感上會略有不同。在保存時，先將紙巾墊放在容器內，可以吸收掉多餘的油脂。

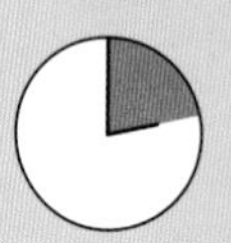

烹調時間
13分鐘

材料（直徑 2.5cm×24 個）

雞腿絞肉…600g
A 太白粉…2 大匙
高湯粉、胡椒…各 1/2 小匙
蒜泥（市售軟管狀）…3cm
雞蛋（攪散）…1 個
沙拉油…適量

製作方法

1. 在缽盆中放入絞肉、**A**，揉和至產生黏性，加入蛋液繼續混拌。等分成24份，滾圓成直徑2.5cm的丸子狀。
2. 在鍋中倒入約 3cm 高的沙拉油，以中火加熱。放進 **1** 的丸子，不斷地攪動丸子炸約 3 分鐘左右至呈現金黃色，瀝掉油脂。
3. 將 **2** 排放在舖有紙巾的保存容器中。

Arrange 01
アレンジ

起司焗雞肉丸

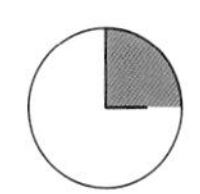

烹調時間
15分鐘

瑞典風格的肉丸

"日日速配。快速上菜調理包"的肉丸子，搭配市售的白醬罐頭，只要15分鐘就能完成焗烤料理。放入小烤箱後就可以不用照料，利用這段時間製作其他菜，即使是忙碌的日子也能完成小朋友們喜愛的晚餐。

Point

市售的白醬濃稠味重，所以用豆漿稀釋後使用，可以完美地製作出滑順美味的成品。

材料(直徑 20×高 4cm的耐熱容器 1個)

炸雞肉丸 …1/2 份量(12 個)

A 白醬(市售品)…1 罐(290g)
豆漿 …100ml

綜合起司絲 …100g

製作方法

1. 混合 **A** 備用。
2. 在耐熱容器中排放〈炸雞肉丸〉，倒入 **1** 並擺放起司在表面。
3. 用小烤箱(1000W)烘烤約 8 ～ 10 分鐘。

Arrange
アレンジ 02

雞肉丸白菜 豆漿芝麻味噌湯

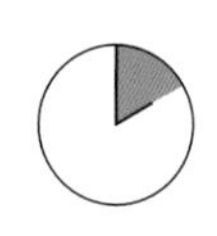

烹調時間
10分鐘

內容豐盛，色鮮味濃的湯品

添加大量配料，豆漿與芝麻醬呈現出香濃風味的滑順味噌湯。雞肉丸會釋出高湯，所以只要加入大量柴魚片，就能充分享受豐美滋味。

Point

建議使用沒有特殊風味，柔和的綜合味噌。

材料（2人份）

- 炸雞肉丸…1/4 份量（6 個）
- 白菜…1 片（60g）
- 豆腐（木綿）…1/2 塊（200g）
- 水…300ml
- 豆漿（無調整）…100ml
- 味噌…4 大匙
- 白芝麻醬…2 大匙
- 柴魚片…1 包（3.5g）

製作方法

1. 白菜切成 2cm 寬。豆腐剝成方便食用的大小。
2. 在鍋中放入配方中的水份、1 的白菜和豆腐、〈炸雞肉丸〉，用大火加熱，沸騰後轉為小火，加入豆漿，再煮約 3 分鐘。
3. 加入味噌使其溶入，放入白芝麻醬熄火。盛盤，撒上柴魚片。

Arrange アレンジ 03 芝麻照燒醬雞肉丸

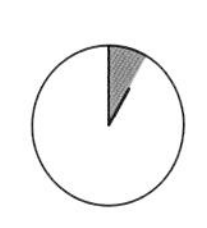

烹調時間
5分鐘

噴香濃郁、令人食慾大振的菜色

只需將雞肉丸子沾裹上鹹甜醬汁，就能輕鬆完成的一道菜！口味略濃重的日式肉丸，也很適合用於便當。芝麻的香氣更是畫龍點睛。

材料（2～3人分）

炸雞肉丸…1/2 份量（12 個）

A
- 醬油…3 大匙
- 砂糖、味醂、水…各 2 大匙
- 熟白芝麻…1/2 大匙

製作方法

1. 在平底鍋中放入 **A**、〈炸雞肉丸〉，用中火加熱，煮至醬汁沾裹表面呈光澤狀，約 4 ～ 5 分鐘。

Column 1

\ 簡單就能攝取蔬菜 /

蔬菜醬汁

能輕鬆簡單地攝取大量蔬菜的手工調味料。
作為醬汁澆淋在沙拉、
淋在燒烤肉類或魚肉上，作為蘸醬也非常棒。

b. 胡蘿蔔泥芝麻醬

甜辣的濃郁醬汁，可淋在燙過的溫蔬菜上，或淋在涮豬肉片上也很對味。

材料（方便製作的份量）

胡蘿蔔…2根（300g）

A
- 醬油、白芝麻醬…各4大匙
- 砂糖、醋…各3大匙
- 熟白芝麻…1大匙
- 豆瓣醬…1小匙

保存時間 冷藏 7天

製作方法

1. 胡蘿蔔去皮磨成泥狀。放入耐熱缽盆中，鬆鬆地覆蓋保鮮膜，以微波爐（600W）加熱3分鐘左右。
2. 趁熱加入**A**，充分混拌。

a. 番茄柑橘醋醬油

作為沙拉的醬汁，也能與瀝乾的義大麵一起拌！

材料（方便製作的份量）

保存時間 冷藏 7天

番茄…2個（300g）

A
- 日式柴魚風味醬油（2倍濃縮）、柑橘醋醬油…各4大匙
- 胡麻油…1大匙

製作方法

1. 番茄切成1cm的塊狀，用紙巾拭去多餘的水份。
2. 在缽盆中混合**A**，加入番茄混拌。

c. 大蔥甜醬油

作為涮涮鍋的蘸醬，或是用烤肉片包捲大蔥也非常美味。

材料（方便製作的份量）

保存時間

大蔥…2根（200g）

A
- 味醂、酒…各6大匙
- 砂糖…4大匙
- 醬油…3大匙

製作方法

1. 大蔥切成1cm寬的圓片狀。
2. 在小鍋中放入**A**以中火加熱 ，沸騰後放入大蔥略混拌後熄火。

Chapter

2

海鮮的“日日速配。快速上菜調理包”

相較於肉類，海鮮類會有比較多獨創且具特色的烹調法。而且海鮮類常有些較高價的食材，所以比較不會頻繁的出現在餐桌上。這樣的海鮮，或是事前預備好的“日日速配。快速上菜調理包”，就能擴大搭配與菜色。在此介紹不僅豐盛、而且孩子們也容易接受的菜餚，在特價日大量購買，既不傷荷包又能不浪費地完全使用。

使用食材 ››› 小銀魚乾

保存期間 冷藏 7天 冷凍 3週

芝麻辣炒小銀魚乾和小松菜

想要來點蔬菜時，若有這款”日日速配。快速上菜調理包”就會很輕鬆。添加了小銀魚乾所以有著恰到好處的鹹味，進行搭配烹調時調味也會很輕鬆。建議使用水份含量比魩仔魚少的小銀魚乾較適合保存。除了小松菜，也可以使用燙煮後仍保留爽脆口感的蘿蔔或蕪菁。

直接享用

- 作為日式細麵的配菜
- 與起司一起放在吐司上烘烤
- 混拌熱熱的白飯，就是「菜飯」

Point

小松菜燙煮切碎後擰乾，就能確實擠掉多餘的水份。

烹調時間
15分鐘

材料（方便製作的份量）

小銀魚乾…100g
小松菜…2把（400g）
胡麻油…3大匙
紅辣椒（切成細圈）…1/2根
A 熟白芝麻…2大匙
醬油…1大匙

製作方法

1. 小松菜放入大量熱水中燙煮3分鐘，取出放入冷水中冷卻，切成1cm寬後擰乾水份。
2. 在平底鍋中放入胡麻油，以中火加熱，加入小銀魚乾拌炒至散發香氣約2～3分鐘。
3. 加入紅辣椒改以小火拌炒，加入**1**的小松菜再用中火拌炒約2分鐘，熄火。加入**A**混拌。

Arrange アレンジ 01

小銀魚乾和小松菜的烤飯糰

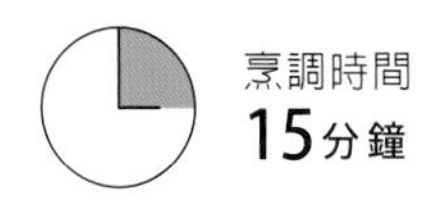

輕而易舉就能完成焦黃噴香

有著懷念滋味的烤飯糰，混拌入極少量的太白粉，使其黏合就能烘烤出漂亮的外型。刷塗上甜味噌或市售的田樂味噌烘烤，也非常好吃喔。

材料(2個分)

芝麻辣炒小銀魚乾和小松菜 … 40g
溫熱白飯 … 2 碗
太白粉 … 1/2 小匙
醬油 … 1 大匙
沙拉油 … 適量

製作方法

1. 在缽盆中放入白飯和〈芝麻辣炒小銀魚乾和小松菜〉，粗略混拌。
2. 撒入太白粉混合拌勻，分成二份，各別作成三角形的飯糰。
3. 在烤盤上鋪放鋁箔紙，薄薄地刷塗沙拉油後排放 2，用毛刷在表面刷塗醬油。放入小烤箱（1000W）中烘烤成喜好的烤色，約 8 ～ 10 分鐘。

Arrange アレンジ 02

煎烤豆皮包小銀魚乾和小松菜

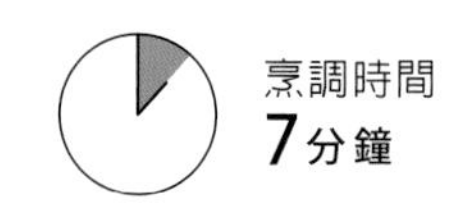

香鬆爽脆的口感令人陶醉！

用豆皮包裹“日日速配。快速上菜調理包”後略為烘煎，就是一道能端上餐桌也能下酒的菜餚。豆皮香脆的口感，煎出的香氣也是一大享受。

材料（2人份）

芝麻辣炒小銀魚乾和小松菜…140g
豆皮…2片
胡麻油…適量
柑橘醋醬油…適量

製作方法

1 油豆腐對半分切，從切口處打開使其成袋狀。
2 在1的豆皮中各別填入1/4份量的〈芝麻辣炒小銀魚乾和小松菜〉，開口處用牙籤串起固定。
3 在平底鍋中放入胡麻油，以中火加熱，排放2，烘煎至兩面上色為止。盛盤，澆淋柑橘醋醬油享用。

Arrange
アレンジ 03

小銀魚乾和小松菜涼拌豆腐

烹調時間
3分鐘

趕時間的最佳菜色

只要切開豆腐擺放上"日日速配。快速上菜調理包",就完成色彩誘人的涼拌豆腐。以湯匙舀著享用,也可以用柑橘醋醬油取代日式柴魚風味醬油,風味更爽口。

材料(2人份)

芝麻辣炒小銀魚乾和小松菜…50g
豆腐(嫩豆腐)…1塊(400g)
日式柴魚風味醬油(2倍濃縮)…2大匙

製作方法

1 豆腐分切成4等份。
2 將1的豆腐盛盤,擺放〈芝麻辣炒小銀魚乾和小松菜〉,淋上日式柴魚風味醬油。

使用食材 》》 鯖魚

保存期間 冷藏 7天 冷凍 3週

香烤胡椒鹽漬鯖魚

使用鹽漬鯖魚的“日日速配。快速上菜調理包”。沾裹橄欖油、撒上胡椒後，只要烘烤就能帶出鯖魚的濃郁美味，也能明顯呈現香料的風味。

直接享用

- 用小烤箱加熱作為便當菜
- 攪散魚肉混拌白飯可以做成飯糰
- 放在沙拉上

Point

沾裹橄欖油，可以烘烤出鬆軟多汁的成品。使用小烤箱（1000W）時，請邊觀察狀態邊烘烤 10 分鐘左右。

烹調時間 15分鐘

材料（8片）

鹽漬鯖魚…8 片
橄欖油…4 大匙
胡椒…適量

製作方法

1. 在鹽漬鯖魚表面沾裹橄欖油。
2. 在烤盤上舖放烘焙紙，鹽漬鯖魚的魚皮面朝上排放，撒上胡椒。
3. 以 180°C預熱的烤箱烘烤 15～18 分鐘，取出至網架上，冷卻後除去魚骨。

Arrange
アレンジ 01

鯖魚泡菜

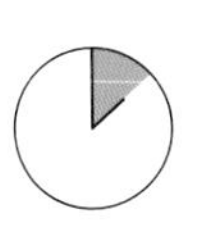

烹調時間
8分鐘

熱辣辣的泡菜
與鯖魚非常合拍

微波2分鐘就能完成非常下飯，且風味紮實的菜餚。泡菜與日式柴魚風味醬油，令人意外的絕配，加上鯖魚的美味，連覺得烤魚太單調的男性們都能得到莫大的滿足。

材料（2人份）

香烤胡椒鹽漬鯖魚…2片
白菜泡菜…100g
白菜…2片（120g）
日式柴魚風味醬油（2倍濃縮）…2大匙

製作方法

1 泡菜粗略分切。白菜切成2cm寬。〈香烤胡椒鹽漬鯖魚〉攪散成方便食用的大小。
2 將1全部放入耐熱缽盆中，加入日式柴魚風味醬油稍加混拌，鬆鬆地覆蓋保鮮膜，放入微波爐（600W）加熱約2分鐘。

Arrange アレンジ 02

山椒風味的鯖魚佐烤大蔥

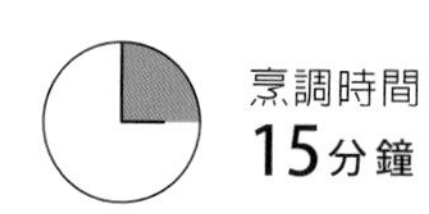

烹調時間 15分鐘

成熟的香料風味令人樂在其中

混合用小烤箱烤至焦黃的大蔥，和帶著香氣的鯖魚，無論是菜餚或下酒都很棒。配合大蔥將鯖魚攪散成方便食用的大小，就完成了。

材料（2人份）

香烤胡椒鹽漬鯖魚…2片
大蔥…2根（200g）
沙拉油…1/2大匙
山椒粉…1/2小匙

製作方法

1. 大蔥切成5cm長，沾裹沙拉油。〈香烤胡椒鹽漬鯖魚〉攪散成略大的塊狀。
2. 在烤盤上舖放鋁箔紙，排放1的大蔥，放入小烤箱（1000W）烘烤出烤色，約7～10分鐘。
3. 在缽盆中放入1的鹽漬鯖魚、2的大蔥，撒上山椒粉略略混拌。

Arrange
アレンジ 03

鯖魚與蔬菜絲佐南蠻風塔塔醬

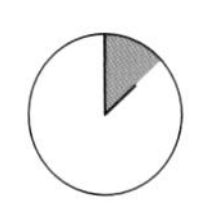

烹調時間
8分鐘

清爽方便享用！簡單就能完成的南蠻風味

花時間才能製作的南蠻風味，用微波迅速簡單就能製作。只要澆淋上醬汁，瞬間就能完成上桌！滋味清爽的南蠻風味菜餚，令人期待。

材料(2個分)

香烤胡椒鹽漬鯖魚…2片
青椒…1個
彩椒(紅色)、洋蔥…各1/4個
生薑…1塊
A 砂糖、醋、醬油…各2大匙
胡麻油…1/2大匙
塔塔醬(市售)…適量

製作方法

1. 青椒、彩椒、生薑切成2mm的細絲。洋蔥對半分切後再切成2mm的薄片，過水沖洗後瀝乾水份。
2. 在耐熱容器內放入**A**，不覆蓋保鮮膜地以放入微波爐(600W)加熱約30秒，加入1混拌。
3. 將2盛盤，擺放〈香烤胡椒鹽漬鯖魚〉，佐以塔塔醬。

使用食材 ››› 鮭魚

保存期間 冷藏 7天 冷凍 3週

煎炸鮭魚

若備有煎炸鮭魚的“日日速配。快速上菜調理包”，就能豐富地搭配變化出西式、中式風味的菜色。炸得香香脆脆，所以連魚皮都能食用。當然直接吃也很棒，所以在沒時間製作便當的早晨，實在是一大幫手。

直接享用

- 用微波加熱後作為便當菜
- 作為茶泡飯的配料
- 也可以作為飯糰的食材

Point

這裡做的是甜鹹風味，但若用燒肉醬或日式柴魚風味醬油醃漬油炸，則會呈現不同的美味。

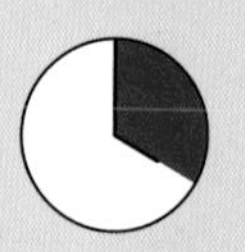

烹調時間
20分鐘

材料（8片）

新鮮鮭魚（魚片）… 8 片

A ┆ 醬油、味醂 … 各 2 大匙

低筋麵粉、沙拉油 … 各適量

製作方法

1. 新鮮鮭魚切成一大口小，沾裹 **A** 後靜置 10 分鐘左右。
2. 拭去 **1** 的鮭魚水份，全體薄薄地撒上低筋麵粉。
3. 在平底鍋中倒入 1cm 深的沙拉油，以中火加熱，放入 **2** 兩面煎炸。
4. 放入鋪有紙巾的保存容器內。

Arrange アレンジ 01 鮭魚辣拌高麗菜

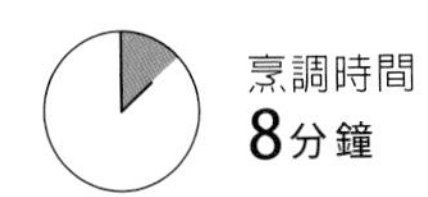

色彩誘人，恰到好處的一道菜

混拌煎炸鮭魚和燙煮高麗菜，簡單就能完成，而且也是大家熟悉喜好的風味。高麗菜切成略大的片狀更顯清甜，與辣油是絕佳組合。

材料（2人份）

煎炸鮭魚…1/4份量（8小塊）
高麗菜…2片（120g）
A 燒肉醬（市售品）…3大匙
辣油…適量

製作方法

1. 高麗菜切成4cm片狀，用大量熱水汆燙約2分鐘，放涼擰乾水份。
2. 在缽盆中放入〈煎炸鮭魚〉、1的高麗菜和**A**，混合拌勻。

Arrange アレンジ 02

鮭魚辛香丼

烹調時間 5分鐘

做成高湯茶泡飯也非常好吃！

煎炸鮭魚存在感十足的丼飯，擺上大量的辛香配料就是重點。澆淋上熱高湯，作成茶泡飯也能享受美妙好滋味，給爸爸當宵夜一定可以討他歡心吧。

Point

注入 1 人份 200ml 的熱高湯，就是高湯茶泡飯了。高湯簡單就可以做出來，在熱水中溶入 1 小匙和風高湯粉即可。

材料（2人份）

- 煎炸鮭魚…1/4 份量（8 小塊）
- 溫熱白飯…2 碗
- 大蔥…1/2 根（50g）
- 青紫蘇…2 片
- 柑橘醋醬油…2 大匙

製作方法

1. 大蔥切成 5cm 長的細絲，過水沖洗後拭去水份。青紫蘇切成細絲。
2. 在碗中盛入白飯，各別擺放 1 片〈煎炸鮭魚〉約 4 小塊，各澆淋 1 大匙柑橘醋醬油，放入青紫蘇和大蔥。

Arrange アレンジ 03

美乃滋拌鮭魚與香酥油豆腐

烹調時間
10分鐘

清淡的魚肉
華麗變身成濃郁的甜鹹風味！

使用的是大家常吃的鮭魚和油豆腐，但卻能做出宴客般的菜色。甜鹹中加入美乃滋的濃郁風味，推薦作給不喜歡吃魚的朋友。

材料（2人份）

- 煎炸鮭魚…1/4 份量（8 小塊）
- 油豆腐…2 片（300g）
- 沙拉油…1 大匙
- **A** 砂糖、美乃滋…各 2 大匙
  醬油…1 大匙
- 青蔥（切末）…適量

製作方法

1. 油豆腐縱向、橫向切開成 1/4 大小。混合 **A** 備用。
2. 平底鍋中放入沙拉油，以中火加熱，放入油豆腐兩面各煎 1～2 分鐘，至表面香脆。
3. 加入〈煎炸鮭魚〉，魚肉溫熱後熄火。加入 **A** 粗略混拌。盛盤，撒上青蔥。

使用食材 >>> 鱈魚

保存期間 冷藏 7天 冷凍 3週

鬆軟的鱈魚豆腐丸子

味道輕爽的鱈魚肉泥油炸後，可以提升風味和口感。因為加入了豆腐，所以比起甜不辣，口感更柔軟。利用食材搭配，可以變化成濃郁口味或清爽風味，在料理應用的領域十分多變。

直接享用

- 以微波加熱，蘸醋醬油享用
- 放入味噌湯中
- 作為關東煮或鍋物的食材

Point

沒有食物調理機時，可將鱈魚切成小塊後，用刀子拍打成泥狀使用。建議也可以用等量的日本馬加鰆或竹筴魚來代替，即使是相同的調味，風味也會因而不同，既美味又具有變化。

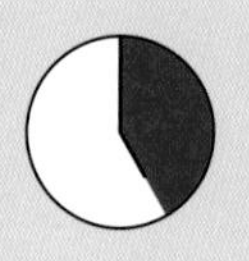

烹調時間 25分鐘

材料（28個）

鱈魚（魚片）⋯8片（480g）
豆腐（嫩豆腐）⋯1塊（400g）
A 鹽⋯1/2小匙
　太白粉⋯3大匙
沙拉油⋯適量

製作方法

1 鱈魚去皮，切成一口大小。豆腐用紙巾包覆後放入耐熱容器中，不覆蓋保鮮膜地加熱約3分鐘，放置約10分鐘後瀝乾水份。
2 將**1**的鱈魚和豆腐、**A**放入食物調理機內，攪打成泥。取出後分成28等份，搓揉成丸子狀。
3 在平底鍋中倒入2cm深的沙拉油，以中火加熱，放入**2**的丸子，用長筷不斷轉動丸子油炸約3分鐘。瀝乾炸油，冷卻後放入舖有紙巾的保存容器內。

Arrange アレンジ 01 鱈魚丸雪見鍋

簡單就能做出正統日式料理
請熱呼呼地享用吧

完全想像不到，只要加熱 2 分鐘就能完成的經典正統風味。搭配蘿蔔泥的組合，清爽美味，感覺再多都吃得下。請連同湯汁一起分別放入容器中。

Point

蘿蔔泥可以冷凍保存。蘿蔔 1/2 根磨成泥，瀝乾水份後為防止變色，加入 1/2 小匙醋混拌，分成小包裝放入冷凍室。因為可以保存約 3 週，所以一次磨大量，後續製作就更輕鬆愉快。

材料（2人份）

- 鬆軟的鱈魚豆腐丸子 … 10 個
- 蘿蔔 … 1/4 根（250g）
- **A** 水 … 200ml
  白高湯 … 2 大匙
- 鴨兒芹 …（依照喜好）適量

製作方法

1. 蘿蔔泥放在濾網上，輕輕擰乾水份。
2. 在鍋中放入 **A** 以大火加熱，沸騰後加入〈鬆軟的鱈魚豆腐丸子〉、**1** 的蘿蔔泥，加熱 2 分鐘。連同湯汁一起盛盤，依照喜好裝飾上鴨兒芹。

Arrange
アレンジ 02

茄汁微波鱈魚丸

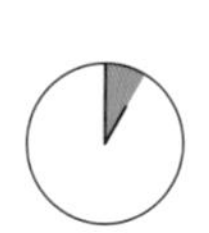

烹調時間
5分鐘

連同調味料一起微波只要 1 分鐘！

用風味濃郁的醬汁來完成口味清淡的鱈魚丸子，是一道味道均衡的菜色。減少豆瓣醬做成酸甜口味，孩子們也會捧場地食慾大開。

材料（2人份）

鬆軟的鱈魚豆腐丸子 … 18 個

A
- 番茄醬 … 4 大匙
- 砂糖 … 2 大匙
- 醋、水 … 各 1 大匙
- 豆瓣醬 … 1/2 小匙

製作方法

1. 將 **A** 和〈鬆軟的鱈魚豆腐丸子〉放入耐熱容器內混拌。
2. 鬆鬆地覆蓋保鮮膜，以微波爐（600W）加熱 50 秒～ 1 分鐘，再混拌即可。

Chapter

3

雞蛋・豆類・乾貨的

“日日速配。快速上菜調理包”

對身體很好的雞蛋、豆類、乾貨，希望能加入每天的飲食中。雖然這麼想，但光是要燙煮、浸泡還原就很花時間，每天都要做會覺得很麻煩。這個時候更需要預備好“日日速配。快速上菜調理包”，就不需要每次花時間進行預備處理或調味，每天都使用一點更便利。不但能使餐桌上的營養更均衡，也有助於全家人的健康。

使用食材 ››› 豆類

保存期間 冷藏 5天 冷凍 3週

大豆絞肉醬汁

肉醬中加入滿滿的大豆，是一道增量又均衡營養的“日日速配。快速上菜調理包”。作為醬汁或湯品的食材，都非常適用！不要過度燉煮就能廣泛運用，也能增加口感。

直接享用

- 放在法式長棍麵包片上
- 當作原味歐姆蛋的醬汁
- 與融化起司一起放在溫熱的白飯上，就是墨西哥肉醬飯（Taco Rice）

Point

為了避免大豆太軟爛，不要長時間燉煮。

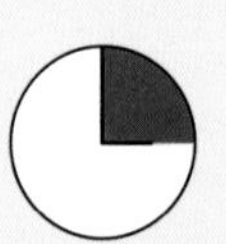

烹調時間
15分鐘

材料（方便製作的份量）

混合絞肉…200g
大豆（水煮）…2袋（400g）
番茄罐頭（番茄塊）…1罐（400g）

A 橄欖油…1大匙
蒜泥（市售軟管狀）…3cm

B 番茄醬…3大匙
高湯粉…1小匙
胡椒…少許

製作方法

1. 在平底鍋中放入**A**、絞肉，以中火加熱，拌炒至絞肉顏色改變。
2. 加入瀝去水份的大豆拌炒3分鐘，加入番茄罐頭、**B**，以小火煮約5分鐘。

Arrange アレンジ 01 炸馬鈴薯淋絞肉醬

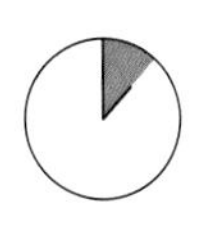

烹調時間 7分鐘

大人小孩愛極了！像在餐廳裡享用的人氣料理

可以是菜餚，也可以是下酒點心的一道美食。起司選用香濃不輸肉醬的切達起司，醬汁要夠熱地融化起司就是製作的重點。

材料（2～3人分）

大豆絞肉醬汁 … 1/3 份量（約 340g）
冷凍薯條（市售品）… 1/2 袋（150g）
沙拉油 … 適量
片狀起司（切達起司）… 2 片
炸洋蔥（市售品）…（依照喜好）適量

製作方法

1. 依包裝袋指示用沙拉油炸冷凍薯條。
2. 將〈大豆絞肉醬汁〉放至耐熱容器內，鬆鬆地覆蓋保鮮膜，以微波爐（600W）加熱 2～3 分鐘。
3. 將 1 的炸薯條盛盤，澆淋 2 的醬汁，趁熱擺放片狀起司，依照喜好撒上炸洋蔥。

Point

請選擇寫著「切達起司」的片狀起司。紮實又強勁的起司風味，更能烘托出肉醬的美味。

Arrange アレンジ 02

肉醬義大利麵

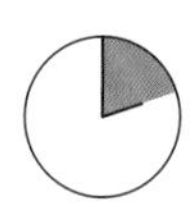

烹調時間
12分鐘

只要煮麵，
再淋上醬汁就完成了！

燙煮義大利麵，醬汁用微波加熱就能簡單完成的肉醬義大利麵。「全家休假的午餐，要做什麼呢？」這樣的煩惱壓力完全消失，真是太開心了！

Point

起司粉請選用寫著「帕瑪森起司 Parmigiano」的商品。相較於其他起司，味道更醇厚濃郁、風味更佳。

材料（2人份）

大豆絞肉醬汁…1/2份量（約500g）
義大利麵（1.6mm的粗細）…300g
起司粉（帕瑪森起司）…2大匙
巴西利（切碎）…（依照喜好）適量

製作方法

1 義大利麵依照包裝上的說明燙煮後，盛盤。
2 將〈大豆絞肉醬汁〉放至耐熱容器內，鬆鬆地覆蓋保鮮膜，以微波爐（600W）加熱3～4分鐘。
3 將2的絞肉醬汁澆淋在1的義大利麵上，撒上起司粉。依照喜好撒上巴西利。

Arrange アレンジ 03

義式肉醬蔬菜湯

添加大量食材
可做為菜餚的湯品

使用冷凍綜合蔬菜，簡單就能完成的湯品。食材豐富，所以只要佐以法式長棍麵包就能成為很棒的午餐了。想要呈現更成熟的風味時，也可以再撒上黑胡椒。

材料（2人份）

大豆絞肉醬汁…1/3份量（約340g）

A
- 冷凍綜合蔬菜（冷凍狀態下使用）…100g
- 水…500ml
- 高湯粉…1/2大匙

橄欖油…1大匙

法式長棍麵包（切成薄片烘烤）…（依照喜好）適量

製作方法

1. 在鍋中放入〈大豆絞肉醬汁〉和**A**，用大火加熱。沸騰後轉為小火約煮2分鐘，熄火，加入橄欖油。
2. 盛盤，依照喜好搭配法式長棍麵包片。

使用食材 ››› 羊栖菜

保存期間 冷藏 4天 冷凍 3週

梅香涼拌羊栖菜

吃不膩的日式家庭常備菜，不用火就能簡單完成，保存天數長，是料理的好夥伴。用於搭配烹調就像是花了長時間製作的料理，有種很划算的感覺。

直接享用

- 與白飯一起拌
- 作為下飯菜
- 拌奶油起司作成下酒菜

Point

羊栖菜過度還原的話，會因含水過多而損及風味，因此請嚴守泡水還原的時間。還原過的羊栖菜確實擰乾，可以使調味料更容易入味。若不使用微波爐，用鍋子煮約 10 分鐘，就可以延長 7 天的冷藏保存天數。

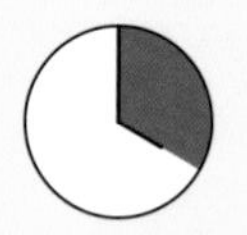

烹調時間
20分鐘

材料（方便製作的份量）

乾燥羊栖菜…1 袋（30g）
醃梅（去核切碎）…5 個
A
- 水…50ml
- 味醂…4 大匙
- 醬油…2 大匙
- 和風高湯粉…2 小匙

製作方法

1. 羊栖菜放入大量水中浸泡約 10 分鐘還原，確實擰乾水份。
2. 在耐熱容器中放入 **A** 和醃梅，不覆蓋保鮮膜地以微波爐（600W）加熱 3 分鐘左右。
3. 趁 **2** 溫熱時，加入 **1** 的羊栖菜混拌，連同湯汁一起放入保存容器內。

Arrange アレンジ 01 羊栖菜厚蛋燒

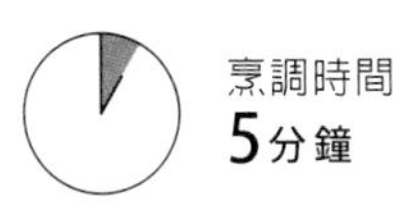

**撫慰味蕾
最經典的菜色**

用了足夠的油脂、不會粗糙乾燥，風味極佳。放入蛋液時用大火，包捲時轉成小火就可以漂亮地完成。餐桌菜餚、便當、下酒菜都適合的極佳菜色。

材料（2人份）

梅香涼拌羊栖菜…1/5份量（約50g）
雞蛋…4個
沙拉油…2大匙

製作方法

1 在缽盆中放入雞蛋、〈梅香涼拌羊栖菜〉，充分混拌。
2 在煎蛋鍋中放入1大匙沙拉油，用大火加熱，倒入半量1的蛋液烘煎。待底部凝固後，大動作混拌2次，將煎蛋撥至外側並輕輕整合形狀。
3 改以中火，再加入1/2大匙的沙拉油，倒下其餘蛋液的半量，由外側捲向自己，再次將煎蛋撥至外側。加入其餘的1/2大匙沙拉油，倒下剩餘的蛋液，再次由外側捲起並整合形狀，切成方便食用的大小。

Arrange
アレンジ
02

羊栖菜與蒸雞肉的芝麻美乃滋沙拉

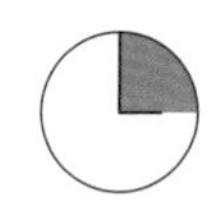

烹調時間
15分鐘

風味紮實的沙拉菜餚

添加芝麻醬和美乃滋，風味濃郁的沙拉。加入雞胸肉，所以份量十足，也能當作是一道充滿口感的菜餚。

材料（2人份）

梅香涼拌羊栖菜…1/5份量（約50g）
雞胸肉…1/2片（150g）
A　白芝麻醬、美乃滋…各1大匙
　　豆瓣醬…1/4小匙

製作方法

1 在耐熱容器內放入雞肉和足以浸入雞肉的水量（份量外），鬆鬆地覆蓋保鮮膜，以微波爐（600W）加熱4分鐘左右。取出後翻面，再次加熱約3分鐘。直接取出放置冷卻，冷卻後倒掉水份，用手將雞胸肉撕成細條狀。
2 缽盆中放入〈梅香涼拌羊栖菜〉、**A**和**1**的雞胸肉，混拌。

Arrange アレンジ 03

炸羊栖菜豆腐丸

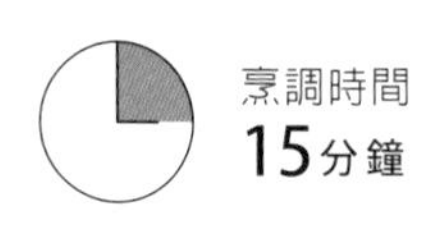

自家製作的分外美味！

看似很花工夫，但其實只是混拌好油炸就能完成的炸豆腐丸，關東叫「雁擬」。在關西地方又稱為「飛龍頭」。慢慢地油炸至呈金黃色，就能作出羊栖菜香氣十足的豐盛美味。

材料（6個分）

梅香涼拌羊栖菜…1/3份量（約150g）
大豆（水煮）…50g
豆腐（木綿）…1/2塊（200g）
雞蛋…1個
低筋麵粉…3大匙
沙拉油…適量

製作方法

1 豆腐用紙巾包覆，放入耐熱容器內，以微波爐（600W）加熱3分鐘左右。直接放置約10分鐘後瀝乾水份。
2 在缽盆中放入〈梅香涼拌羊栖菜〉、瀝乾水份的大豆、打散的雞蛋、低筋麵粉，也加入 1 的豆腐，邊攪散邊充分混拌。
3 在平底鍋中倒入2cm深的沙拉油，以中火加熱，用湯匙舀取 2 的1/6份量放入鍋中，用長筷邊轉動丸子邊油炸約2分鐘。

使用食材 ››› 乾蘿蔔絲

保存期間 冷藏 7天 冷凍 3週

蠔油煮乾蘿蔔絲和韭菜

乾蘿蔔絲和韭菜是意外的組合，利用蠔油調味的“日日速配。快速上菜調理包”。味道醇厚，與其他食材搭配烹調時，不需要再放調味料也是最棒的地方。

直接享用

- 放在白飯上就是簡單的丼飯
- 可作為拉麵的配菜
- 放在燙煮豬肉上搭配享用

Point

乾蘿蔔絲用大量水份確實還原，擰乾水份後烹調，如此就能使調味料容易入味，短時間加熱就能完成，也不會損及風味。

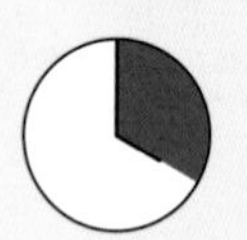

烹調時間
20分鐘

材料（方便製作的份量）

乾蘿蔔絲…30g
韭菜…3把（300g）
A 蠔油、酒…各5大匙
水…30ml

製作方法

1. 乾蘿蔔絲放入大量水（份量外）中浸泡約15分鐘還原，確實擰乾水份。韭菜切成4cm長段。
2. 在鍋中放**1**的乾蘿蔔絲、韭菜和**A**，用大火加熱，沸騰後改以中火煮約3分鐘，過程中需要上下翻拌。

Arrange
アレンジ 

乾蘿蔔絲拌麵

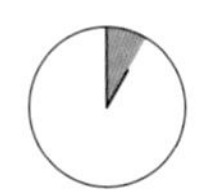

烹調時間
5分鐘

在燙煮的中式麵條上擺放食材和雞蛋而已！快速又輕鬆的食譜

在溫熱的麵條上擺放“日日速配。快速上菜調理包”，就能輕鬆地完成拌麵，忙碌的日子或小朋友們的暑假午餐，請務必一試。邊拌開雞蛋邊享用，不同風味變化也是樂趣

材料（2人份）

蠔油煮乾蘿蔔絲和韭菜
…1/3份量（約300g）
中式蒸麵…2袋（300g）
雞蛋…2個
水菜…（依照喜好）適量

製作方法

1 中式麵條依照包裝上的說明燙煮後，分別裝入2個碗內。
2 將〈蠔油煮乾蘿蔔絲和韭菜〉放至耐熱容器內，鬆鬆地覆蓋保鮮膜，以微波爐（600W）加熱2分鐘30秒左右。等份放在1的中式麵條上。
3 雞蛋各別敲開擺放在食材上，依照喜好擺放水菜，邊混拌邊享用。

Arrange アレンジ 02

乾蘿蔔絲起司春卷

只需包捲油炸的輕鬆步驟

風味紮實的乾蘿蔔絲和香濃起司組合的美味春卷，起司濃郁的香氣，不但是小朋友，連男性們都會喜歡。

材料（4本分）

蠔油煮乾蘿蔔絲和韭菜 … 1/4 份量（約 225g）
綜合起司 … 80g
春卷皮 … 4 片
沙拉油 …適量

製作方法

1 擰乾〈蠔油煮乾蘿蔔絲和韭菜〉的水份。
2 將 1 片春卷皮攤平放置，在中央略靠近自己的位置，各別擺放 1/4 份量的 **1** 和起司。依序將靠近自己的、左右兩側的春卷皮向中央折疊，再朝外側捲起，捲到最後在邊緣刷塗溶於水的麵粉（份量外）固定。共計製作 4 卷。
3 在鍋中倒入 2cm 深的沙拉油，以中火加熱，放入 **2** 煎炸兩面至呈黃金色澤，約 2 分鐘。

Arrange アレンジ 03

蠔油炒 乾蘿蔔絲牛肉

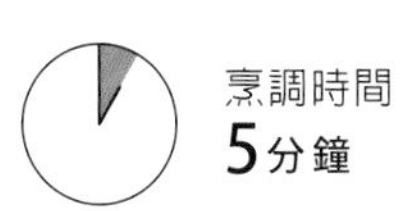

烹調時間
5分鐘

僅混合拌炒不需調味

乾蘿蔔絲已經確實調味過，所以只要與牛肉拌炒就能立刻完成，最適合食慾旺盛的小朋友們。無庸置疑是非常下飯的菜色。

材料（2人份）

蠔油煮乾蘿蔔絲和韭菜
…1/3 份量（約 300g）
碎切牛肉片…150g
胡麻油…1 大匙

製作方法

1 平底鍋中加入胡麻油，以中火加熱，放入牛肉拌炒至顏色改變。
2 加入〈蠔油煮乾蘿蔔絲和韭菜〉，拌炒約 2 分鐘。

使用食材 ››› **雞蛋**

保存期間 （冷藏） **7天**

照燒煮蛋

一整盒雞蛋一次水煮後製作，只要一道手序就能完成。有這樣的煮蛋，可以簡單地增加菜餚份量的豐富感。使用了煮汁，保存時風味會再滲入雞蛋中，所以幾乎不需再調味了。

直接享用

☞ 可作為拉麵的配菜
☞ 對切後能豐富便當的配色
☞ 與筍絲混拌後就是下酒菜了

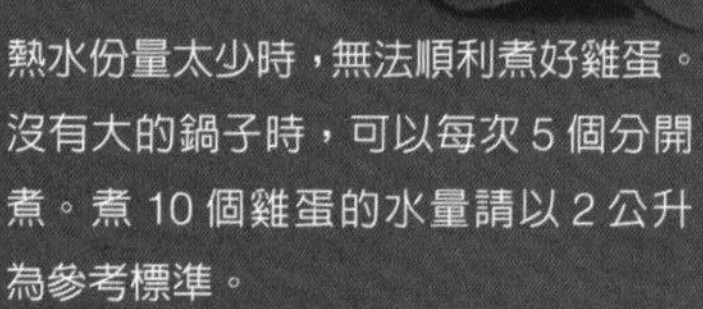

Point

熱水份量太少時，無法順利煮好雞蛋。沒有大的鍋子時，可以每次 5 個分開煮。煮 10 個雞蛋的水量請以 2 公升為參考標準。

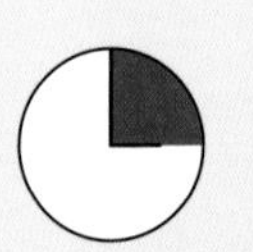

烹調時間
15分鐘
（不包含煮沸熱水的時間）

材料（10 個）

雞蛋（冰冷的）… 10 個
A 砂糖、醬油 …各 6 大匙
味醂 … 2 大匙

製作方法

1. 在較大的鍋中放入 2 公升的水，以大火加熱，煮至咕嚕咕嚕冒出小氣泡時輕輕放入雞蛋。改為較弱的中火煮 8 分 30 秒，立刻取出放入冷水中確實冷卻，剝去蛋殼拭去水份。
2. 在平底鍋中放入 **A** 以中火加熱 ，煮至沸騰後，放入 **1** 的水煮蛋，邊轉動雞蛋邊煮至產生光澤。
3. 連同煮汁一起放入保存容器內，覆蓋紙巾並加蓋保存。

Arrange アレンジ 01 照燒煮蛋三明治

美乃滋和略甜的醬汁形成絕妙的共鳴

煮蛋和煮汁一起搗碎，之後再以美乃滋混拌，就完成了內餡。略甜的煮汁和美乃滋的風味非常適合，作為午餐、早餐或感覺有點餓的輕食小點都很棒。

材料（2人份）

照燒煮蛋…2個
照燒煮蛋的煮汁…1大匙
圓麵包…2個
美乃滋…4大匙
萵苣葉…2片

製作方法

1 在缽盆中放入〈照燒煮蛋〉和煮蛋的煮汁，粗略搗散，加入美乃滋混拌。
2 圓麵包劃出切口，各夾入1片萵苣葉，再各別夾入拌好的1。

Arrange
アレンジ 02

居酒屋風 洋蔥雞蛋沙拉

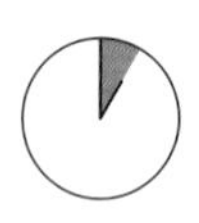

烹調時間
5分鐘

可以是菜餚
也能作下酒菜享用

很像居酒屋菜單的日式菜餚沙拉。十分入味的雞蛋和爽脆口感的蔬菜，與加入的酸甜醬汁風味無與倫比，讓人忍不住大快朵頤。

材料（2人份）

照燒煮蛋…4個
洋蔥…1/2個
蘿蔔嬰…1/2盒
A 照燒煮蛋的煮汁…3大匙
醋、胡麻油…各1大匙

製作方法

1. 洋蔥切成薄片，過水沖洗後瀝乾水份。蘿蔔嬰切去根部。雞蛋用手剝成方便食用的大小。混合 **A** 備用。
2. 在盤中排放 **1** 的洋蔥、**1** 的〈照燒煮蛋〉和蘿蔔嬰，淋上 **A**。

Arrange アレンジ 03

吮指回味的香炒蛋雞翅

烹調時間 15分鐘

好吃得停不下手 狂野享用的風格

帶著蒜香的鹹甜風味，一旦開吃就停不下手的美味！若行有餘力，可以沿著雞翅骨左右切開再烘煎，會更快熟透，也更方便食用。

材料（2人份）

照燒煮蛋…4個
雞翅…6隻
低筋麵粉…2大匙
沙拉油…3大匙

A
照燒煮蛋的煮汁…4大匙
蒜泥（市售軟管狀）…2cm
白芝麻醬…1大匙

製作方法

1. 在雞翅表面撒上低筋麵粉。
2. 在平底鍋中倒入沙拉油，以小火加熱，放入1的雞翅，不時翻動地烘煎約10分鐘。
3. 加入〈照燒煮蛋〉、A，再煮約1分鐘使醬汁沾裹在表面。

Column 2

＼ 刺激的香氣令人食慾全開！ ／

自製調味料

更能提升烘托出料理風味的自製調味料。
不僅調味，也能是蘸醬，
還能直接淋在白飯上美味享用。

b. 蒜香醬油

甜甜的醬油味醬汁，與肉類一起加熱再放在白飯上，就能做出「簡易燒肉丼」。

保存時間 冷藏 14天

材料（方便製作的份量）

大蒜…3個（150g）

A
- 醬油…10大匙
- 味醂…4大匙

製作方法

1 大蒜切碎。

2 在耐熱缽盆中放入大蒜和 **A** ，不覆蓋保鮮膜以微波爐（600w）加熱約2分鐘。

a. 自製調味辛香料

可以是涼拌豆腐的配菜，作為日式細麵的蘸醬也能讓人耳目一新。

保存時間 冷藏 10天

材料（方便製作的份量）

青紫蘇…10片
韭菜…1把
生薑…2瓣
胡麻油…2大匙

A
- 醋…6大匙
- 醬油…4大匙
- 砂糖…3大匙
- 熟白芝麻…2大匙
- 辣油…1/2小匙

製作方法

1 青紫蘇切碎、韭菜切成粗粒、生薑切成碎末。

2 在平底鍋中放入胡麻油和生薑，以小火加熱，拌炒至散發香氣。加入韭菜改以中火拌炒約2分鐘後，熄火。

3 加入青紫蘇、**A** ，混合拌勻。

c. 大豆味噌

用味噌醃漬大豆的濃郁風味，可以放在白飯上，或是作為燉煮蔬菜的調味料。

保存時間 冷藏 10天

材料（方便製作的份量）

大豆（水煮）…2袋（240g）

A
- 砂糖…4大匙
- 水、味噌…各3大匙
- 醬油、味醂…各1大匙

沙拉油…1大匙

製作方法

1 大豆瀝乾水份。**A** 混合拌勻備用。

2 在平底鍋中放入沙拉油，以中火加熱，放入大豆拌炒約5分鐘。加入 **A** 轉小火，拌炒3～5分鐘至多餘的水份揮發。

Chapter

4

蔬菜的“日日速配。快速上菜調理包”

為了全家的健康，想要攝取大量的蔬菜，就是蔬菜的“日日速配。快速上菜調理包”登場的時候。削皮、分切、加熱等手續都已經先完成，蔬菜料理就能更輕鬆容易了。與肉類或魚類等組合搭配，或是需要多加一道菜的時候，都能快速上桌。

使用食材 ››› 白菜

保存期間 冷藏 7天 冷凍 2週

中式淺漬白菜

柔軟、清淡的白菜，其實含有大量的維生素 C 。和風、西式或中式，各式各樣的料理都能使用，冬天盛產時更是便宜的常備蔬菜。令人欣慰的是水份含量多，因此只要揉入鹽就能減少體積，也方便保存。

直接享用

- 可搭配白飯
- 搭配茶飲
- 作成茶泡飯

Point

確實擰乾水份，較能長時間保存。櫻花蝦依照喜好增加份量，風味也會更加豐厚。

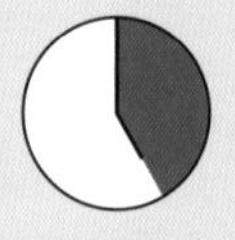

烹調時間
25分鐘

材料（方便製作的份量）

白菜 … 1/2 個（600g）
鹽 … 1 小匙
櫻花蝦 … 15g
胡麻油 … 2 大匙

製作方法

1 白菜切成 1cm 寬的條狀。
2 將1的白菜放入塑膠袋內，撒入鹽揉搓。排出空氣地閉合袋口，靜置 15 分鐘。待白菜變軟後，確實擰乾水份，放入缽盆。
3 加入櫻花蝦、胡麻油混拌。

Arrange アレンジ 01

涮豬肉白菜沙拉

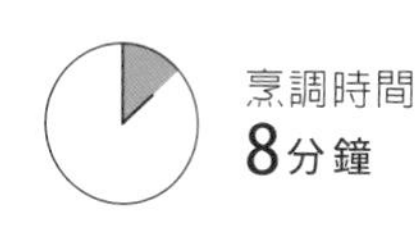

令人湧現食慾 風味柔和的醬汁

在感覺有點疲倦時最推薦這道菜！白菜的維生素C，和豬肉維生素B1的組合，具有消除疲勞的功效。醬汁也是溫和的類型，非常容易入口的菜色。

材料（2人份）

中式淺漬白菜…1/3份量（約150g）
豬肩里脊薄片…200g
A 白芝麻醬…1/2大匙
柑橘醋醬油、美乃滋…各2大匙

製作方法

1 在鍋中煮沸大量的熱水，放入豬肉汆燙至顏色改變約3分鐘，用濾網撈出散熱。
2 在缽盆中放入**1**的豬肉、〈中式淺漬白菜〉和**A**，混拌。

Arrange 02
アレンジ

水餃

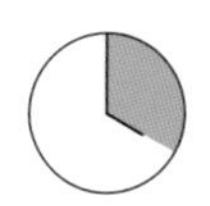

烹調時間
20分鐘

滑順美味好入口！

製作需要花功夫的水餃，只要有白菜的“日日速配。快速上菜調理包”就能輕易地完成製作。添加了櫻花蝦，所以釋出的風味更加提升，建議清爽地蘸胡椒醋享用。

Point

若不喜歡胡椒醋，改用柑橘醋醬油＋辣油也OK！雖然也推薦使用「雞腿絞肉」，但若沒有販售單一部位的絞肉時，使用混合的「雞絞肉」也OK。

材料（16個分）

中式淺漬白菜…1/4份量（約100g）
雞腿絞肉…200g
太白粉…1大匙
水餃皮…16片
A 醋…2大匙
胡椒…少許

製作方法

1 〈中式淺漬白菜〉切成細碎狀。
2 在缽盆中放入1的白菜、雞絞肉、太白粉，充分混拌至產生黏稠。
3 在1片水餃皮上擺放2的肉餡，餃皮邊緣塗抹水份（份量外）貼合固定。共計製作16個。
4 在鍋中放入大量熱水煮沸，放入3煮約3分鐘，至浮起煮熟。依照喜好蘸混合好的**A**享用。

Arrange アレンジ 03

香拌帆立貝白菜

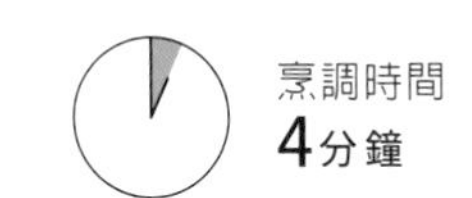

長輩們也會喜歡

使用可生食等級的干貝，製作出奢華的一道料理。重點在於干貝略微加熱後的柔軟口感及甘甜，與爽脆的白菜和櫻花蝦的風味相得益彰。

材料（2人份）

中式淺漬白菜…1/3份量（約150g）
干貝（生食用）…8個
沙拉油…1/2大匙
柑橘醋醬油…1大匙

製作方法

1 在平底鍋中倒入沙拉油，以中火加熱，放進干貝兩面迅速香煎各1分鐘。
2 在缽盆中放入〈中式淺漬白菜〉、1的干貝，澆淋柑橘醋醬油混拌。

使用食材 ››› 蘿蔔

保存期間 冷藏 5天 冷凍 2週

高湯蘿蔔

特別耗費時間的燉煮，若是一次大量製作就會成為很方便的食材。冷卻期間若仍有餘溫會使食材變軟，所以避免過度燉煮就是長時間保存的重點。切成2cm左右的片狀，可以縮短烹煮時間，也方便後續的搭配烹調。

直接享用

- 佐以田樂味噌就成了下酒菜
- 使用高湯製作烏龍麵

Point

冷凍時，請將「蘿蔔」和「煮汁與昆布」分開各別保存。

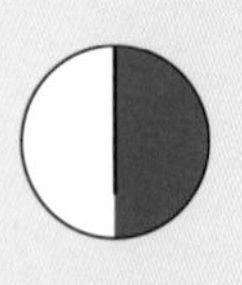

烹調時間
30分鐘

材料（方便製作的份量）

蘿蔔…1根（1.5kg）

A
- 昆布（10cm方塊）…1片
- 水…1公升
- 白高湯…4大匙

製作方法

1. 蘿蔔切成2cm厚的圓片。
2. 在鍋中放入蘿蔔、A，以大火加熱，沸騰後蓋上落蓋，轉成小火，煮約20分鐘。
3. 連同煮汁一起放入保存容器內，昆布置於上方，覆蓋紙巾後加蓋保存。

Arrange アレンジ 01

壽喜燒風味煮牛肉蘿蔔

烹調時間 8分鐘

略甜的煮汁，非常好吃

略煮的牛肉和蘿蔔的“日日速配。快速上菜調理包”，迅速就能完成壽喜燒風味的菜餚。甜甜的醬汁搭配軟滑的溫泉蛋，是一大樂趣，甜鹹的風味也是小朋友們最愛的菜色。

材料（2人份）

高湯蘿蔔…4片
牛五花薄片…150g
A 高湯蘿蔔的煮汁…100ml
砂糖…3大匙
醬油…2大匙
青蔥（切末）…（依照喜好）適量
溫泉蛋（市售品）…（依照喜好）適量

製作方法

1 在鍋中放入〈高湯蘿蔔〉、牛肉、**A**，用大火加熱。沸騰後轉為小火，不時地翻動牛肉，煮至牛肉顏色改變約5分鐘左右。
2 盛盤，依照喜好撒上青蔥，蘸著溫泉蛋享用。

Arrange
アレンジ 02

味噌麻婆蘿蔔

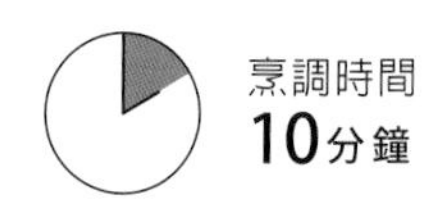

中式風味熱呼呼的蘿蔔

咕嚕咕嚕需要花時間燉煮的蘿蔔，若有做好的“日日速配。快速上菜調理包”，只要勾芡就能完成！澆淋上肉末醬汁，就是份量十足的菜色，微辣的風味適合下酒也下飯。

Point

若有辣油可以淋上變身為辣味，若是淋花椒油就是麻辣風味，成為更正統的中華風格。

材料（2人份）

高湯蘿蔔…4片
混合絞肉…100g

A
- 高湯蘿蔔的煮汁…50ml
- 砂糖、胡麻油…各2大匙
- 味噌…1大匙
- 醬油…1/2大匙
- 蒜泥（市售軟管狀）、薑泥（市售軟管狀）、豆瓣醬…各1/2小匙

製作方法

1. 在平底鍋中放入絞肉、**A**，以中火加熱，拌炒約5分鐘。
2. 〈高湯蘿蔔〉放入耐熱容器內，鬆鬆地覆蓋保鮮膜，以微波爐（600W）加熱3分鐘左右，盛盤。
3. 將**1**澆淋在**2**上。

Arrange
アレンジ 03

炸蘿蔔排

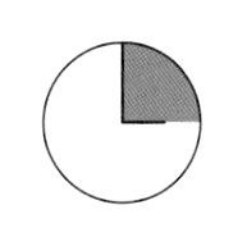

烹調時間
15分鐘

酥脆多汁的美味

酥酥脆脆的麵衣中滲出蘿蔔多汁美味的高湯，只有酥炸蔬菜才能嚐得到的美味。雖然是油炸但卻十分清爽，恰到好處的份量令人滿心喜悅。

Point

為避免熱油噴濺，請先拭去蘿蔔表面的水份後再沾裹麵衣油炸。

材料（2人份）

高湯蘿蔔 … 4片
胡椒 …少許
低筋麵粉、蛋液、麵包粉、沙拉油 …各適量

製作方法

1 拭去〈高湯蘿蔔〉的湯汁，兩面撒上胡椒。
2 依序在 1 的蘿蔔表面沾裹低筋麵粉、蛋液、麵包粉。
3 在平底鍋中倒入 1cm 深的沙拉油，以中火加熱，放入 2，兩面各煎炸至呈金黃色，約 2～3 分鐘。

使用食材 》》 高麗菜

保存期間 （冷藏） 7天

湯煮高麗菜

看見高麗菜特價時，可以買一整顆製作成湯煮高麗菜。這樣處理之後，其餘的烹調就變得簡單輕鬆，而且還能減少體積方便保存。烹煮得鹽分略高，所以湯汁要另外保存喔。

直接享用

- 搭配肉類料理
- 沾取黃芥末醬作溫沙拉食用
- 湯汁與高麗菜一起溫熱，做成高麗菜湯

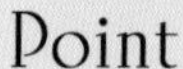

Point

不要煮太軟爛較能保存，也較能廣泛搭配運用。湯汁也可以保存下來備用。這道快速上菜調理包的湯汁要另外保存。

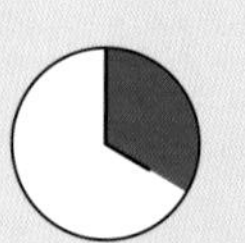

烹調時間
20分鐘

材料（方便製作的份量）

高麗菜…1個（1kg）

A
- 水…1200ml
- 橄欖油…3大匙
- 高湯粉…2大匙

製作方法

1. 高麗菜帶芯地切成4等份的月牙狀。
2. 在鍋中儘量避免層疊地放入**1**的高麗菜，倒入**A**用大火加熱。沸騰後轉為中火，蓋上落蓋約煮5分鐘，上下翻面再煮約5分鐘。
3. 在保存容器內放入高麗菜，覆蓋紙巾再加蓋保存。湯汁另外保存。

Arrange
アレンジ 

維也納香腸與高麗菜的燉肉鍋（Pot-au-feu）

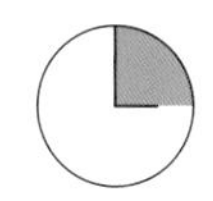
烹調時間
15分鐘

需要長時間燉煮的燉肉鍋轉瞬間就能上桌

就算是燉肉鍋（Pot-au-feu），只要有"日日速配。快速上菜調理包"，根本毋需燉煮，隨想隨做地立即可以食用。大量使用釋出高麗菜美味的湯汁，好吃得不用再調味！

材料（2人份）

湯煮高麗菜…2塊
維也納香腸…4根

A
湯煮高麗菜的煮汁…500ml
水…200ml
醋…1大匙

製作方法

1. 維也納香腸上各劃4條左右的切紋。
2. 在鍋中放入〈湯煮高麗菜〉、**A**，以大火加熱，沸騰後加入**1**的維也納香腸，用中火煮約3分鐘。

Arrange
アレンジ 02

奶油明太子高麗菜

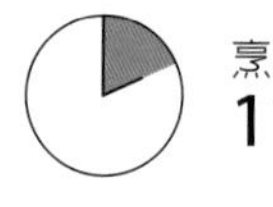

烹調時間
11分鐘

濃郁乳霜般滑順的湯品

煮至用筷子就能輕易夾開的高麗菜，實在美味！搭配添加鮮奶油和明太子的醬汁，是香濃滑順又帶有口感的湯品。

Point

依照喜好將明太子（份量外）擺放在高麗菜上，連外觀都變得可愛了。

材料（2人份）

湯煮高麗菜 … 2塊

A
- 湯煮高麗菜的煮汁 … 100ml
- 鮮奶油 … 100ml
- 明太子 … 2條（1副・60g）
- 奶油 … 20g

製作方法

1. **A** 的明太子剝除薄膜，取出魚卵備用。
2. 在大的耐熱容器內放入〈湯煮高麗菜〉和 **A**，鬆鬆地覆蓋保鮮膜，以微波爐（600W）加熱7分鐘左右。
3. 將 **2** 的高麗菜各別盛裝在盤中，澆淋上湯汁。依照喜好再裝飾明太子（份量外）。

Arrange アレンジ 03

煎豬肉捲高麗菜

蔬菜也能濃郁地品嚐

高麗菜包捲豬肉，只要用小烤箱烘烤，超簡單！而且是如此的大份量！從豬肉中釋出的湯汁混合了濃稠的起司，香濃鮮美。

材料（2人份）

湯煮高麗菜…1塊
豬五花薄片…2片（50g）
綜合起司…50g
鹽、胡椒…各少許

製作方法

1 豬肉表面撒上鹽、胡椒。
2 〈湯煮高麗菜〉帶著芯直接分切成上下兩半，將內側整成圓形，各別用豬肉包捲。
3 放在耐熱盤上，將 2 捲好的接合面朝下排放，擺放起司後放入小烤箱（1000W），烘烤 8～10 分鐘至豬肉熟，顏色改變為止。

使用食材 ››› 胡蘿蔔

保存期間 冷藏 7天 冷凍 2週

胡蘿蔔炒昆布絲

營養、色彩鮮艷的胡蘿蔔常備菜，若是冰箱備著就會很方便。加入細切昆布，也可以補充纖維質。為了能縮短加熱時間，將紅蘿蔔切成細絲。

直接享用

☞ 可作為飯糰的配菜

☞ 能添增便當的色彩

Point

紅蘿蔔還是慢慢確實地拌炒吧。可以增加甜度，又能消除胡蘿蔔特有的味道。

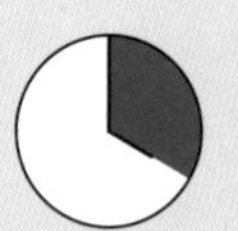

烹調時間
20分鐘

材料（方便製作的份量）

胡蘿蔔…4根（800g）
昆布絲…20g
胡麻油…4大匙
A 醬油…2大匙
高湯粉…1小匙

製作方法

1 胡蘿蔔長度對切後，再切成1～2mm的細絲。
2 在平底鍋中放入胡麻油，以中火加熱，放入**1**的胡蘿蔔拌炒8～10分鐘，炒至胡蘿蔔變軟。
3 加入**A**混合拌勻，熄火。加入昆布絲混拌。

Arrange アレンジ 01 胡蘿蔔的日式豆腐漢堡

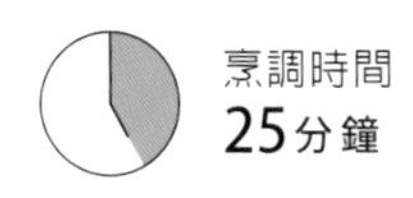

烹調時間
25分鐘

不需要廚刀也不用砧板 ！無肉的輕盈風味。澆淋柑橘醋醬油或和風醬食用。

材料（2人份）

胡蘿蔔炒昆布絲…1/4 份量（約 200g）
豆腐（嫩豆腐）…1/2 塊（200g）

A 雞蛋…1 個
太白粉…2 大匙

胡麻油…1 大匙
醬油…1 大匙

B 番茄（切成月牙狀）
嫩葉生菜、萵苣葉…（依照喜好）各適量

製作方法

1 豆腐用紙巾包覆，放入耐熱容器內，不用保鮮膜地以微波爐（600W）加熱 3 分鐘左右，放置 15 分鐘瀝乾水份。
2 在缽盆中放入〈胡蘿蔔炒昆布絲〉、1 的豆腐、**A**，充分混拌。分成 2 等份，整型成 1.5cm 厚的圓餅形。
3 在平底鍋中倒入胡麻油，以中火加熱，排放 2 兩面各烘煎約 3 分鐘，澆淋醬油。盛盤，依照喜好擺放 **B** 的蔬菜。

Arrange アレンジ 02 佃煮牛肉胡蘿蔔

烹調時間
10分鐘

可以極度節省燉煮時間的簡單佃煮菜。醬油的甜鹹風味，十分下飯，也可以活用在便當菜。

材料（2人份）

胡蘿蔔炒昆布絲…1/4 份量（約 200g）
碎切牛肉片…150g
生薑…10g

A 水…50ml
砂糖…1 大匙

製作方法

1 生薑切絲。
2 在平底鍋中放入〈胡蘿蔔炒昆布絲〉、牛肉、1 的生薑和 **A** ，以中火拌炒，拌炒 5 ～ 7 分鐘至湯汁完全收乾。

使用食材 ››› 洋蔥

保存期間 冷藏 5天

烤洋蔥

洋蔥高溫慢烤後保存，可以釋出甜味使美味倍增！直接享用，或搭配烹煮，可以自由運用。表面的橄欖油更能保持水份，也有助於延長保存時間。

直接享用

- 作為肉類料理的配菜
- 切碎後作為清高湯的食材

Point

步驟 **3** 使用小烤箱時，請用1000W烘烤 10～13 分鐘。

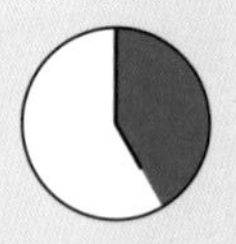

烹調時間
25分鐘

材料（16 片）

洋蔥…4 個（800g）
橄欖油…2 大匙
鹽、胡椒…各適量

製作方法

1. 洋蔥切成 4 等份的圓切片。
2. 將 **1** 的洋蔥片沾裹上橄欖油，在全體表面撒上鹽、胡椒。
3. 在烤盤上鋪放烘焙紙，避免層疊地將 **2** 的洋蔥排放在烤盤上。以 250°C預熱的烤箱烘烤 13～15 分鐘。

Arrange アレンジ 01 培根捲洋蔥

烹調時間 10分鐘

奶油的香氣引人食慾，可以當作菜餚也能下酒。略帶焦色地烘烤更能增進香氣。

材料（2人份）

烤洋蔥…4片
培根…4片（68g）
奶油…10g

A 巴西利、檸檬…（依照喜好）各適量

製作方法

1 每片〈烤洋蔥〉都用1片培根包捲。
2 在平底鍋中加入奶油，以中火加熱，將 1 捲好的接合面朝下地排放，兩面各煎2分鐘。盛盤，依照喜好佐以 **A** 。

Arrange アレンジ 02 烤洋蔥佐薑汁味噌

烹調時間 7分鐘

大量且薑味十足的味噌醬汁。在各種油膩肉類料理的餐桌上，請享用這道最適合的配菜。

材料（2人份）

烤洋蔥…4片

A 水…100ml
砂糖…2大匙
味噌、醬油…各1大匙
薑泥（市售軟管狀）…2cm

B 水…2大匙
太白粉…1/2大匙

蘿蔔嬰…（依照喜好）適量

製作方法

1 在耐熱容器中放入〈烤洋蔥〉，不用保鮮膜地以微波爐（600W）加熱4分鐘左右，盛盤。
2 在鍋中放入 **A** ，以大火加熱，沸騰後熄火。放入混拌好的 **B**，混合拌勻再次以中火加熱，煮至沸騰，澆淋在 1 上。依照喜好放些蘿蔔嬰。

使用食材 ››› 蓮藕

保存期間 冷藏 7天 冷凍 2週

酥炸蓮藕

若常備著已經除去澀味且煮熟的蓮藕，那麼每日的烹調也會變得輕鬆。在此將切成薄片的蓮藕沾裹麵粉後，炸至酥脆。為了方便之後烹煮時的調味，所以先不進行醃漬，是最簡單的“日日速配。快速上菜調理包”。

直接享用

- 作為便當的裝飾
- 撒上鹽，作為點心的蓮藕脆片
- 作為味噌湯的食材

Point

保存時容器中先墊放紙巾吸油，較能保持口感。

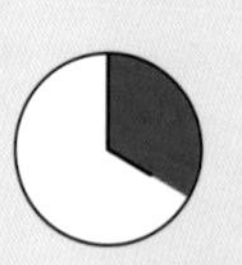

烹調時間 20分鐘

材料（方便製作的份量）

蓮藕…2節（600g）
低筋麵粉…3大匙
沙拉油…適量

製作方法

1. 蓮藕切成5mm厚的半月形。過水沖洗約5分鐘，確實拭乾水份，撒上低筋麵粉。
2. 在平底鍋中倒入1cm深的沙拉油，放入**1**的蓮藕酥炸約3分鐘，取出置於網架上冷卻。
3. 將**2**放入鋪有紙巾的保存容器內。

Arrange アレンジ 01 金平式奶油醬油炒豬肉蓮藕

烹調時間 10分鐘

甜鹹口味＋奶油風味，就是很能下飯的濃郁菜色。蓮藕省下了分切和烹煮的時間，只要迅速拌炒就能完成！

材料（2人份）

酥炸蓮藕⋯1/4 份量（約 150g）
碎切豬肉片⋯100g
沙拉油⋯1/2 大匙
A 砂糖⋯3 大匙
醬油⋯2 大匙
奶油⋯5g

製作方法

1 在平底鍋中倒入沙拉油，以中火加熱，放進豬肉拌炒 2～3 分鐘左右。
2 加入〈酥炸蓮藕〉，拌炒 1 分鐘，加入 **A** 煮至湯汁收乾。

Arrange アレンジ 02 蓮藕與雞里脊佐蜂蜜黃芥末醬

烹調時間 10分鐘

〈酥炸蓮藕〉的爽脆，很有咀嚼的快感。蜂蜜隱約的甜味更能帶出芥末籽醬的酸味，非常開胃。

材料（2人份）

酥炸蓮藕⋯1/4 份量（約 150g）
雞里脊⋯3 條
A 蜂蜜⋯2 大匙
芥末籽醬、醬油⋯各 1 大匙

製作方法

1 雞里脊片斜向片切成厚度 1cm 的片狀。
2 在平底鍋中倒入沙拉油，以中火加熱，放入 1 的雞里脊拌炒約 3 分鐘。
3 加入〈酥炸蓮藕〉拌炒約 2 分鐘，加入 **A**，迅速地煮至收乾湯汁。

使用食材 ››› 綠花椰菜

保存期間 冷藏 5天 冷凍 2週

韓式涼拌綠花椰

無論什麼季節都能在市面上看到的綠花椰菜，含有大量的維生素和礦物質，是營養的寶庫。若備有用雞高湯粉和大蒜調味的“日日速配。快速上菜調理包”，就能即刻上桌，運用搭配的範圍也很廣泛。

直接享用

- 混拌撕碎的韓國海苔
- 增添便當的色彩
- 切碎後作為湯品的食材

Point

用少量的熱水燙煮，可能會出現加熱不均勻的狀況，所以要使用大量熱水。燙煮時間 3 分鐘也請務必確實遵守。

烹調時間 10分鐘

材料（方便製作的份量）

綠花椰菜…2 棵（400g）

A
- 胡麻油…4 大匙
- 粒狀雞高湯粉…1/2 大匙
- 蒜泥（市售軟管狀）…3cm

製作方法

1. 綠花椰菜分成小朵。
2. 在鍋中煮沸大量的熱水，放入 **1** 的綠花椰菜燙煮 3 分鐘，用濾網撈出。
3. 在缽盆中放入 **2** 燙好的綠花椰菜、**A**，混合拌勻。

Arrange アレンジ 01 鹽炒綠花椰和鮮蝦

烹調時間 8分鐘

因為綠花椰菜已經確實地調味了，因此調味料可以略少地迅速完成拌炒。紅綠相間的色彩非常引人食慾。

材料（2人份）

韓式涼拌綠花椰…1/3 份量（約 130g）
剝殼鮮蝦（已除去腸泥）…300g
胡麻油…1/2 大匙
A 粗粒黑胡椒…1/2 小匙
　鹽…1/4 小匙

製作方法

1 平底鍋中放入胡麻油，以中火加熱，放入剝殼鮮蝦拌炒 3 分鐘左右。
2 加入〈韓式涼拌綠花椰〉，拌炒約 2 分鐘，加進 **A**，迅速拌炒。

Arrange アレンジ 02 綠花椰、水煮蛋與生火腿的沙拉

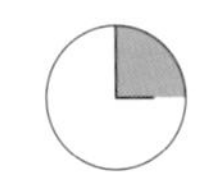
烹調時間 15分鐘

只是將生火腿和“日日速配。快速上菜調理包”盛盤，就能做出如同百貨地下街熟食店販售的時髦沙拉。水煮蛋用手剝開還能營造出粗獷的美感。

材料（2人份）

韓式涼拌綠花椰…1/3 份量（約 130g）
生火腿…6 片（30g）
雞蛋…2 個
橄欖油…1 大匙

製作方法

1 雞蛋煮至半熟剝除蛋殼。（煮法請參照 P.78 的「照燒煮蛋」）。
2 在盤中盛放〈韓式涼拌綠花椰〉、生火腿，擺放用手剝開 1 的水煮蛋，澆淋橄欖油。

使用食材 ››› 小黃瓜

保存期間 冷藏 7天 冷凍 2週

酸甜醋漬小黃瓜

爽脆地直接當小菜食用也很美味的“日日速配。快速上菜調理包”。在瞬間就會被吃光光，所以建議可以多做一些。為了能保存較長時間，增加湯汁的份量。

直接享用

- 切碎後擺放在涼拌豆腐上
- 用於下飯時
- 擺放在燙煮豬肉上

Point

小黃瓜不要切得太薄，比較能長時間保存。

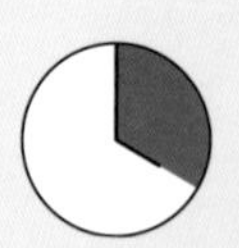

烹調時間
20分鐘

材料（方便製作的份量）

小黃瓜…8根（800g）
鹽…1/2小匙
A　砂糖、醋…各3大匙
　　醬油…2大匙

製作方法

1 小黃瓜切成3mm厚的圓片，放入塑膠袋內，加鹽充分揉搓。靜置10分鐘後，確實擠乾水份。
2 在缽盆中混合A，加入1混拌。連同湯汁一起放入保存容器內。

Arrange アレンジ 01 醋漬花枝與小黃瓜

烹調時間
8分鐘

風味清爽的家常配菜，使用冷凍花枝可以省下預備處理的步驟。單純拌上酸甜小黃瓜，簡單極了。

材料（2人份）

酸甜醋漬小黃瓜…1/4 份量（約 200g）
花枝（冷凍）…1 條
黃芥末泥（市售軟管狀）…2cm

製作方法

1. 花枝解凍，切成 4cm 長的薄長條，用大量的熱水燙煮 1～2 分鐘，冷卻備用。
2. 在缽盆中放入〈酸甜醋漬小黃瓜〉、1 的花枝和黃芥末泥混拌。

Arrange アレンジ 02 清爽滑口的涼拌小黃瓜和裙帶菜

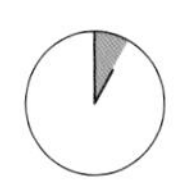

烹調時間
5分鐘

齊備了可以增加元氣的黏稠食材，用酸甜醋漬小黃瓜完成的爽口小菜。作為主菜間的配菜深受喜愛。

材料（2人份）

酸甜醋漬小黃瓜…1/4 份量（約 200g）
裙帶菜、納豆…各 1 盒（各 50g）
山藥…1/6 根（150g）

製作方法

1. 山藥切成 1cm 塊狀。
2. 在缽盆中放入〈酸甜醋漬小黃瓜〉、裙帶菜連同湯汁、納豆及醬汁和 1 的山藥，一起混拌。

使用食材 ››› 馬鈴薯

保存期間  7天

口感鬆軟的煎炸馬鈴薯

可以使用在各式料理的馬鈴薯，是常備蔬菜的NO.1。花點工夫製作成“日日速配。快速上菜調理包”，需要時可立即使用、縮短烹煮時間，成效卓然。在此試著使用能帶出馬鈴薯風味的煎炸法製作。

直接享用

- 作為肉類料理的配菜
- 作為便當菜
- 撒上高湯粉就是小點心

Point

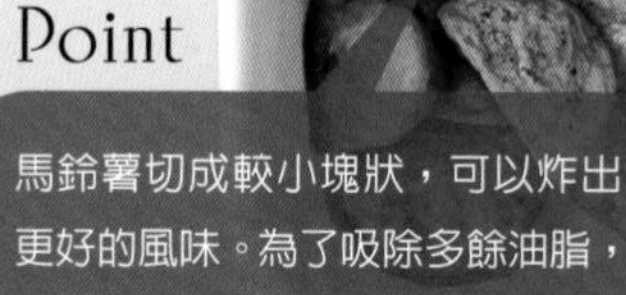

馬鈴薯切成較小塊狀，可以炸出更好的風味。為了吸除多餘油脂，在保存時請先鋪放紙巾。

烹調時間
15分鐘

材料（方便製作的份量）

馬鈴薯…8個（800g）
沙拉油…適量

製作方法

1 馬鈴薯帶皮切成一口大小。
2 在平底鍋中倒入1cm深的沙拉油，以中火加熱，放入**1**的馬鈴薯塊，邊轉動馬鈴薯邊煎炸約5分鐘。置於網架上放涼。
3 放入底部鋪有紙巾的保存容器內。

Arrange アレンジ 01 金平式海苔鹽味馬鈴薯

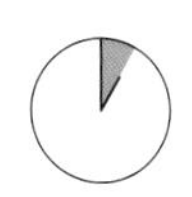
烹調時間
5分鐘

從冷藏室取出後，在平底鍋中迅速拌炒就能完成。短短的 5 分鐘就 OK ，無論是餐桌菜餚或小點心都是很重要的常備食材。

材料（2人份）

口感鬆軟的煎炸馬鈴薯 … 1/4 份量（約 200g）
胡麻油 … 1 大匙
A 青海苔 … 1/2 大匙
鹽、胡椒 …各 1/3 小匙

製作方法

1 在平底鍋中放入胡麻油，以中火加熱，放入〈口感鬆軟的煎炸馬鈴薯〉拌炒約 3 分鐘，加入 **A** 迅速拌炒。

Arrange アレンジ 02 馬鈴薯與汆燙豬肉佐洋蔥泥醬汁

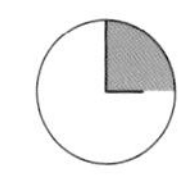
烹調時間
15分鐘

清脆爽口的萵苣和鬆軟的馬鈴薯，利用二種食材製作的清新拌菜。沾裹上大量酸甜洋蔥泥醬汁，請享用！

材料（2人份）

口感鬆軟的煎炸馬鈴薯 … 1/4 份量（約 200g）
豬里脊薄片 … 150g
萵苣 … 1/4 個
A 洋蔥（磨成泥狀）… 1/2 個
砂糖 … 2 大匙
醋、醬油 …各 1 大匙
胡麻油 … 1/2 大匙

製作方法

1 在鍋中煮沸大量熱水，放入豬肉燙煮約 3 分鐘至豬肉顏色改變，用濾網撈出。
2 在耐熱缽盆中混合拌勻 **A**，不覆蓋保鮮膜地以微波爐（600W）加熱 1 分鐘左右。
3 在 **2** 的缽盆中放入〈口感鬆軟的煎炸馬鈴薯〉、**1** 的豬肉、撕成方便食用大小的萵苣混合拌勻。

使用食材 >>> 南瓜

保存期間 冷藏 5天 冷凍 2週

微波蒸南瓜

只要蒸煮南瓜，就能簡單完成的“日日速配。快速上菜調理包”。用微波加熱所以根本沒有麻煩的步驟！加熱至中央熟透又不至於煮至軟爛崩塌，因此能保持住外形喔。

直接享用

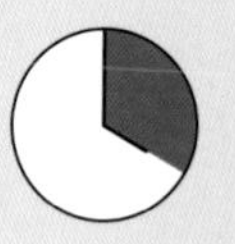

☞ 澆淋美乃滋就變身成沙拉

☞ 擺放奶油微波加熱

Point

上下翻拌地分 2 次微波加熱，就可以漂亮地完成製作了。

烹調時間 20分鐘

材料（方便製作的份量）

南瓜…1 個（1.5kg）
水…1 大匙
鹽…1/4 小匙

製作方法

1. 南瓜帶皮切成一口大小。
2. 在耐熱容器中放入 **1** 的半量南瓜、1/2 大匙的水，鬆鬆地覆蓋保鮮膜，以微波爐（600W）加熱約 6 分鐘。取出上下翻拌後，再次鬆鬆地覆蓋保鮮膜，視狀況地以微波爐（600W）加熱 4～5 分鐘。其餘半量南瓜以同樣方法製作。
3. 撒上食鹽。

Arrange アレンジ 01 南瓜肉卷

烹調時間
18分鐘

南瓜和番茄醬的甜味是小朋友最喜歡的。因為南瓜已經先加熱過，所以很短時間就能燒煮完成。即使在忙碌的早晨，都能做出的便當菜。

材料(8個分)

微波蒸南瓜…8塊
豬里脊薄片…8片
沙拉油…1大匙
A 番茄醬…3大匙
　味醂…2大匙
　醬油…1/2大匙
　豆瓣醬…1/3小匙

製作方法

1 攤開一片豬肉，包捲起〈微波蒸南瓜〉。同樣地製作共8個。
2 在平底鍋中倒入沙拉油，以中火加熱，放入1，邊翻動邊煎3～5分鐘至豬肉顏色改變。加入混拌好的A，煮至收汁並沾裹在豬肉表面。

Arrange アレンジ 02 南瓜培根奶油湯

烹調時間
10分鐘

鬆軟可口的南瓜和牛奶柔和的風味兼具。放入全部的材料，只用微波加熱就能完成！加熱時什麼都不用做，真是太方便了。

材料(2人份)

微波蒸南瓜…1/4份量(約300g)
培根…4片(72g)
A 牛奶…400ml
　高湯粉…1/2小匙
　奶油…10g
粗粒黑胡椒…(依照喜好)適量

Point
因為擔心液體有可能會噴濺，所以請使用較大、較深的耐熱容器(耐熱缽盆)。

製作方法

1 培根切成2cm寬。
2 在略深的耐熱容器中放入A、〈微波蒸南瓜〉和培根，鬆鬆地覆蓋保鮮膜，以微波加熱約4分鐘。盛盤，依照喜好撒上粗粒黑胡椒。

使用食材 ››› 大蔥

保存期間 冷藏 7天

辣味香蒜大蔥

可以大量購買製作備用的大蔥"日日速配。快速上菜調理包"。藉由烘煎濃縮大蔥的美味並延長保存時間。香辣的調味，更容易搭配烹調。

直接享用

- 切碎在炒飯上
- 作為湯品的食材
- 當作肉類料理的配菜

Point

與其說是「拌炒」不如說是「烘煎」的感覺，慢慢地將兩面都煎至呈現焦色吧。

烹調時間 20分鐘

材料（方便製作的份量）

大蔥…6根（600g）
大蒜…4瓣
橄欖油…3大匙
A 紅辣椒（切成辣椒圈）…1/2根
　鹽…1/3小匙

製作方法

1 大蔥切成4cm長。大蒜切成薄片。
2 在平底鍋中放入橄欖油，以小火加熱，放入 1 的大蒜，拌炒至上色後取出。
3 將 1 的大蔥放入 2 的平底鍋內，以中火拌炒約5分鐘。再將大蒜放回 2 中，加入 A 混合拌勻。

Arrange アレンジ 01 大蔥鱈魚湯

鱈魚釋出的高湯和大蔥的甜味，僅用鹽就能享用的簡樸美味湯品。除了鱈魚之外，白肉魚都能替換製作。

材料（2人份）

辣味香蒜大蔥⋯1/3份量（約200g）
新鮮鱈魚（魚片）⋯2片（150g）
A　水⋯500ml
　　酒⋯2大匙

製作方法

1 在鍋中放入A用大火加熱。煮至沸騰後轉為小火，放入〈辣味香蒜大蔥〉和切成方便食用大小的鱈魚，煮約5分鐘。

Arrange アレンジ 02 培根和大蔥的香蒜辣味義大利麵

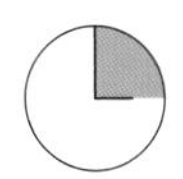

大蔥有著辛辣味和大蒜的香氣，所以燙煮義大利麵後，只需拌入大蔥就能輕鬆完成。

材料（2人份）

辣味香蒜大蔥⋯1/3份量（約200g）
培根⋯2片（38g）
義大利麵（1.6mm）⋯300g
橄欖油⋯2大匙

製作方法

1 培根切成2cm的寬條。義大利麵依照包裝上的說明燙煮。
2 在平底鍋中倒入橄欖油，加入〈辣味香蒜大蔥〉、1的培根，以中火加熱，拌炒3分鐘。加入1的義大利麵，迅速拌炒。

Point

燙煮過的義大利麵可以冷凍保存。用1大匙沙拉油拌勻燙煮好的200g義大利麵，散熱後分成小份用保鮮膜包覆，放入冷凍室，微波解凍就能使用。冷凍可保存3週。

Joy Cooking

日本常備菜教主「日日速配。快速上菜調理包」103 道
作者　松本有美
翻譯　胡家齊
出版者 / 出版菊文化事業有限公司　P.C. Publishing Co.
發行人　趙天德
總編輯　車東蔚
文案編輯　編輯部
美術編輯　R.C. Work Shop
台北市雨聲街 77 號 1 樓
TEL：(02)2838-7996　FAX：(02)2836-0028
法律顧問　劉陽明律師 名陽法律事務所
初版日期　2020 年 8 月
定價　新台幣 340 元
ISBN-13：9789866210730　書　號　J140

讀者專線　(02)2836-0069
www.ecook.com.tw
E-mail　service@ecook.com.tw
劃撥帳號　19260956 大境文化事業有限公司

日本常備菜教主
「日日速配。快速上菜調理包」103道
松本有美 著
初版 . 臺北市：出版菊文化
2020　112 面；19×26 公分
（Joy Cooking 系列；140）
ISBN-13：9789866210730
1. 食譜
427.17　109010183

請連結至以下表單填寫讀者回函，將不定期的收到優惠通知。